Bibliografische Information der Deutschen Nationalbibliothek:

Die Deutsche Bibliothek verzeichnet diese Publikation in der Deutschen Nationalbibliografie; detaillierte bibliografische Daten sind im Internet über http://dnb.d-nb.de/ abrufbar.

Impressum:

Druck und Bindung: Books on Demand GmbH, Norderstedt Germany
ISBN: 9783668667013

Dieses Buch bei GRIN:

https://www.grin.com/document/209945

Mirjam Kauderer

Die Auswirkungen der Standortentscheidungen der Siemens AG auf die Stadt München

GRIN Verlag

Ludwig-Maximilians-Universität München
Fakultät für Geowissenschaften
Department für Geographie
Lehrstuhl für Wirtschaftsgeographie und Tourismusforschung

Wissenschaftliche Arbeit zur Erlangung des akademischen Grades Bachelor of Science

Thema:

„Die Auswirkungen der Standortentscheidungen der Siemens AG auf die Stadt München"

„The influence of the locational decision-making of Siemens AG on the City of Munich"

Mirjam Kauderer
Zeitraum: 15. Okt. 2012 – 02. Jan. 2013

Inhaltsverzeichnis

1. Fragestellung

"Mit einem neuen Hauptsitz will Siemens sein Image aufpolieren. Dafür wird der Konzern in München bis 2015 ein komplettes Stadtviertel umgestalten."[1]

Liest man diesen Abschnitt aus einem Zeitungsartikel, der bereits vor über eineinhalb Jahren erschien, so erschließt sich daraus recht schnell die Motivation, die zu dieser Arbeit geführt hat: Ein Unternehmen hat als einzelner Akteur die Möglichkeit, ein „komplettes Stadtviertel"[2] in einer Millionenstadt wie München neu zu interpretieren; noch dazu mitten im Zentrum. Dieser Prozess wirft diverse Fragen auf; beispielsweise, ob es sich hierbei um einen einzigartigen Prozess in der Unternehmens- bzw. Stadtgeschichte handelt, oder ob auch andere Siemens-Standorte innerhalb Münchens die Stadt prägen bzw. geprägt haben. In dieser Arbeit soll daher herausgearbeitet werden, welchen Einfluss das Wirken und Bestehen der Firma Siemens auf die Stadt München hatte. Dabei soll nicht ausschließlich der optische, das Stadtbild betreffende Aspekt näher betrachtet werden, sondern auch wirtschaftliche Faktoren und ihre Auswirkungen in die Analyse aufgenommen werden. Die Prägung der Stadt durch den Standort des Unternehmens schlägt sich aufgrund des Zusammenwirkens dieser verschiedenen Komponenten nicht nur optisch im Aussehen der Stadt und wirtschaftlich in der gesamten Region nieder, sondern übt auch einen entscheidenden Einfluss aus auf das Selbstverständnis der Stadt und ihrer Bewohner und die Positionierung Münchens als Weltstadt und Metropole im internationalen Ranking.

Diese Arbeit soll sich also mit der Standortentwicklung der Firma Siemens (zunächst Siemens & Halske, Siemens-Schuckertwerke und Siemens Reinigerwerke, nach der Fusion 1966 dann Siemens AG genannt) in München beschäftigen. Als zeitlicher Rahmen wird zwar insgesamt die Zeit ab 1945 herangezogen, aufgrund des begrenzten Umfangs dieser Arbeit soll aber ein deutlicher Fokus auf der aktuellen Entwicklung liegen, die einen Zeitraum von ca. 1989 bis heute umfasst. Der Grund für die Wahl dieses Zeitraums wird im Folgenden näher erläutert.

2. Thematischer Fokus und Vorgehen in dieser Arbeit

Der thematische Fokus dieser Arbeit liegt, wie oben erwähnt, auf der Konzernzentrale am Wittelsbacherplatz/Oskar-von-Miller-Ring, und hier vor allem auf der Entwicklung ab den frühen neunziger Jahren. Trotzdem muss auch auf die Jahre davor eingegangen werden, um ein umfassendes Verständnis darüber zu erhalten, wie der jeweilige Standort gewachsen ist.

---

[1] SZ vom 14.03.2011
[2] SZ vom 14.03.2011

Der Umstand, dass die Siemens AG im Jahr 2012 beginnt, ihre Konzernzentrale komplett umzubauen, liefert einen Ansatzpunkt, die Standortentwicklung dieses zum Weltunternehmen aufgestiegenen Konzerns näher zu betrachten. Da durch diesen Umbau, wie bereits oben erwähnt, sich auch ein stark frequentiertes Stadtviertel grundsätzlich verändern wird, ist es naheliegend, diesen Standort, der zudem noch der Hauptsitz des Unternehmens ist, einer genaueren Untersuchung zu unterziehen.
Zur Entscheidung „München als Hauptsitz der Firma Siemens“ gibt es zwei maßgebliche Entwicklungen. Der Schwerpunkt der einen befasst sich intensiv mit der direkten Nachkriegszeit und untersucht, wieso die Standortentscheidung für den Hauptsitz damals ausgerechnet auf München und nicht eine andere Stadt gefallen ist. Mit dieser Thematik hat sich aber bereits ein anderer Geographie-Student der LMU im Jahre 1997[3] intensiv auseinandergesetzt. Deshalb soll diese Entwicklung nur als Zusammenfassung unter Punkt 3.1 dargestellt werden.
Von diesem Zeitpunkt an entwickelte sich Siemens stetig weiter, wurde immer größer und expandierte – nicht nur in München, aber dort sehr flächen-, kapital- und personalintensiv. Dieser stetige Aufwärtstrend ist zwar markant, er wird aber im folgenden Kapitel nicht gesondert ausgeführt, da sich diese Entwicklung sehr deutlich in der Geschichte der einzelnen Standorte widerspiegelt, auf die unter Punkt 3. noch näher eingegangen wird.
Der zweite Schwerpunkt beschäftigt sich mit dem Beginn der neunziger Jahre. Ab hier wird die Entwicklung wesentlich interessanter, da zu diesem Zeitpunkt zwei grundlegende Umwälzungen stattfinden, die unter Punkt 3.2 näher erläutert werden und den zeitlichen Fokus dieser Arbeit bedingen.

Es ist schwierig, die historische Entwicklung ausschließlich parallel chronologisch oder ausschließlich standortbezogen darzustellen, da die Entscheidungen für oder gegen einen Standort oder seinen Aus-, Um- oder Rückbau nicht vollkommen isoliert betrachtet werden können. Deshalb wurden in dieser Arbeit beide Ansätze vereint. Unter 3. werden die zentralen Entscheidungen in Bezug auf München – aber weniger in Bezug auf die einzelnen Standorte innerhalb Münchens – dargestellt. Punkt 4. behandelt dann in unterschiedlicher Länge die Entwicklungen der prägendsten Standorte im Münchner Raum. Hierbei spielen die unter Punkt 3. erwähnten Faktoren natürlich stets eine zentrale Rolle und dürfen nicht unbeachtet bleiben, da sie quasi die Grundlage für jegliche Standortentscheidung in München bilden.

[3] Yamamoto, K. (1997): Standortgeschichte von Großunternehmen am Beispiel Siemens

3. Entscheidende Wendepunkte in der Unternehmensgeschichte

3.1 Entscheidung für München als Hauptsitz des Unternehmens in den fünfziger Jahren

Um die Entscheidung nachvollziehen zu können, die Zentrale der Firma in der Nachkriegszeit des Zweiten Weltkriegs nach München zu verlegen, müssen auch einige Aspekte der Jahre vor 1945 näher beleuchtet werden.

Am 12. Oktober 1847 eröffnen Werner von Siemens und Johann Georg Halske „im Hinterhause der Schöneberger Straße 19 zu Berlin [...] mit 10 Arbeitern und einem Anlagekapital von 6842 Reichstalern und 20 Silbergroschen“[4] die Telegraphenbauanstalt von Siemens & Halske [S&H].

Das Unternehmen prosperiert und am 20. Januar 1890 wird in München das erste Technische Büro eröffnet, das vor allem „Kundendienst- sowie Markterschließungsfunktion wahrnahm“[5]. Yamamoto beschreibt im Folgenden sehr gut, wieso das erste Technische Büro in München gegründet wurde und welche Bedeutung es für die Firma insgesamt, aber auch für den Standort hatte:

> „Nach einer Jubiläumsbroschüre waren folgende Faktoren wichtig: Der Wettbewerb um die Markteroberung mit der Edison-Gesellschaft (später AEG) und Schuckert war sehr heftig. Vor allem der Kundendienst war wichtig geworden, insbesondere in der Kraftwerksbranche. Dabei mussten die eigenen Ingenieure für die Kunden bereitstehen. Weil Schuckert Nürnberger war, dachte S&H damals, nicht in Nordbayern, sondern eher in Südbayern einen eigenen Stützpunkt zu gründen. Große Kunden für Kraftwerke oder Telefonnetze waren damals öffentliche Körperschaften oder Regierungen. S&H als ein preußisches Unternehmen musste und wollte in Bayern neue Absatzgebiete erschließen, weil Bayern neben Preußen das zweitgrößte Land in Deutschland war. Es war ganz logisch, dass S&H die erste Geschäftsstelle in der Hauptstadt Bayerns gründete. Nebenbei bemerkt, verlegte auch Schuckert zur gleichen Zeit seine Geschäftsstelle nach München.[6]
>
> Die Technischen Büros von S&H sowie von SSW [Siemens-Schuckertwerke] in München zählten in den 30er Jahren oder vor dem Zweiten Weltkrieg zu den wichtigsten aller technischen Büros. Die Beschäftigtenzahl bei dem Münchner Technischen Büro von S&H betrug im Jahre 1943 307 und 543 bei dem von SSW. Beide Büros befanden sich zu dieser Zeit im selben Gebäude an der Prannerstraße. Mehr als 800 Angestellte und Arbeiter betätigten sich in den Bereichen Kundendienst und Markterschließung. Darunter arbeiteten auch nicht wenige

---

[4] Hrsg. unbekannt (1925): München 1925 – Sonderheft Siemens-Zeitschrift. S. 59

[5] Yamamoto, K. (1997): Standortgeschichte von Großunternehmen am Beispiel Siemens. S. 62

[6] 1897 verlegte er sein Geschäftshaus in die Prannerstraße 10. Ab 1903 wurde dieses Geschäftshaus für ein halbes Jahrhundert dann auch als Zweigniederlassung von Siemens genutzt. [Hrsg. unbekannt (1925): München 1925 – Sonderheft Siemens-Zeitschrift. S. 60]

Ingenieure. Ein so großes Büro war sicherlich eine der wichtigsten unter allen Geschäftsstellen."[7]

Im März 1903 fusionieren die Starkstromabteilungen von Siemens & Halske mit der Elektrizitäts-Aktiengesellschaft vormalig Schuckert & Co. zur Siemens-Schuckertwerke. Die Siemens-Schuckertwerke [SSW] bestehen bis zur Gründung der Siemens AG 1966.
1909 wurde das „[erste] von Siemens & Halske [gebaute öffentliche Fernsprechamt] mit Selbstanschluss in München-Schwabing"[8] in Betrieb genommen.
1932 gründet Siemens mit der Erlanger Firma Reiniger, Gebbert & Schall die Siemens-Reiniger-Werke AG [SRW].
Bereits 5 Jahre zuvor, 1927/1928, kauft S&H die „Fabrik für Fernsprechgeräte in der Hofmannstraße, die in der Folgezeit einen großzügigen Ausbau erfuhr."[9] Yamamoto und Feldenkirchen[10] sind sich einig, dass der Kauf dieser Fabrik einen erheblichen Gunstfaktor im Entscheidungsprozess um den zukünftigen Hauptsitz darstellte.

> "Von WEIHER u. GOETZLAR (1981, 91) schreiben, dass diese Fabrik damals als eine verlängerte Werkbank des Berliner Werkes fungierte. Sie war jedoch viel mehr als das, denn die Entfernung zwischen Berlin und München ist zu weit für eine Beziehung zwischen einem Hauptwerk und einer verlängerten Werkbank. Wenn wir in Betracht ziehen, dass die Fabrik in München nicht als bloße Fabrik, sondern als Tochtergesellschaft von S&H betrieben wurde, dürfen wir daraus schließen, dass S&H die Vereinigten Bayerischen Telefonwerke AG gründete, um sich neue Märkte in Süddeutschland zu erobern. [...] S&H hatten ähnliche Stützpunkte außerhalb Bayerns, aber Bayern war außerhalb Preußens der wichtigste Standort für die Produktion der verschiedenen Waren beim Siemens-Konzern geworden. [...] Es ist hier sehr wichtig hervorzuheben, dass es in den 30er Jahren außerhalb Berlins nur in München und Nürnberg sowohl wichtige Produktionsstätten als auch Kundendienst- und Markterschließungsfunktionen ga Wenn man nur die Produktionsstätten betrachtet, sind auch Thüringen und Sachsen wichtige Standorte für Siemens, aber in den beiden Gebieten gab es keine vergleichbaren Standorte wie Nürnberg und München innerhalb des Siemens-Konzerns. Für Siemens dürfte Bayern viel wichtiger als Thüringen und Sachsen gewesen sein."[11]

Als sich der Krieg im Herbst 1944 dem Ende zuneigt, zeichnet sich die bevorstehende Besetzung Berlins durch die sowjetischen Alliierten a Es scheint jedoch nicht gesichert, dass die Interessen von Siemens mit einem Hauptsitz in der Sowjetischen Besatzungszone (SBZ) gewahrt bleiben würden. Aus diesem Grund werden die Behörden im Februar 1945 über die Gründung von Gruppenleitungen informiert, die für einzelne Regionen zuständig waren und

[7] Yamamoto, K. (1997): Standortgeschichte von Großunternehmen am Beispiel Siemens. S. 66
[8] Hrsg. unbekannt (1925): München 1925 – Sonderheft Siemens-Zeitschrift. S. 60
[9] Feldenkirchen, W. (2003): Siemens. Von der Werkstatt zum Weltunternehmen. S. 267
[10] Dass der Standort Bayern zum Zentrum der Aktivitäten wurde, hatte seinen Grund in den dort bereits vorhandenen Einrichtungen." [Feldenkirchen, W. (2003): Siemens. Von der Werkstatt zum Weltunternehmen. S. 267]
[11] Yamamoto, K. (1997): Standortgeschichte von Großunternehmen am Beispiel Siemens. S. 62, 66

ihren Sitz in München, Hof und Mülheim hatten.[12] Die Gründung wird mit „Aufrechterhaltung der Wehrkraft“[13] entschuldigt, dient jedoch in Wirklichkeit dazu, Entscheidungsorgane in der Besatzungszone der westlichen Mächte zu installieren. Das Mülheimer Werk war für den Bereich West zuständig, die Gruppenleitung Süd in Hof (von SSW) für die in Mitteldeutschland Sachsen und Bayern gelegenen Werke und München (Südost) für die in der Ostmark gelegenen Werke.

Die Entscheidung von S&H fiel auf München, weil an diesem Standort „Fabrik, Maschinen, Büro und vor allem menschliches Kapital hier vorhanden war.“[14] Dass SSW als Standort der Gruppenleitung zunächst Hof und nicht München wählte, lässt sich folgendermaßen erklären: Der für SSW wichtigste und ursprünglich favorisierte Standort wäre eigentlich Nürnberg gewesen; das dort liegende Werk ist aber bereits „im Januar 1945 durch die Bombardierung fast vollkommen zerstört worden. Da es in Thüringen, Sachsen und Nordbayern mehr Fabriken von SSW als von S&H gab, muss der Vorstand des Konzerns irgendwo innerhalb dieser Gebiete einen Sitz für die Gruppenleitungen der SSW suchen. Innerhalb der zukünftigen amerikanischen Besatzungszone war Hof damals neben Nürnberg zweitwichtigster Standort für SSW. [...]. Aber der Vorstand des Konzerns wusste allerdings auch, dass Hof zu nah an der zukünftigen Grenze zwischen der amerikanischen und der sowjetischen Besatzungszone lag. Deswegen hielt der Vorstand des Konzerns von vornherein den Sitz in Hof für provisorisch und suchte bereits im März 1945 einen geeigneten Sitz im Nürnberger Raum."[15]

Die unterschiedlichen Ausgangslagen der Stammfirmen bedingten jedoch unterschiedliche Interessenlagen bezüglich des Hauptsitzes, obwohl die Errichtung der Bizone 1947 eine erneute Zusammenlegung der Unternehmensteile eigentlich begünstigt. Nach halbjährigen Streitigkeiten wurde die Unternehmensleitung beider Teile (S&H und SSW) im Juni 1948 Hermann von Siemens als Aufsichtsratsvorsitzendem und Wolf-Dietrich von Witzleben als seinem Stellvertreter übertragen. Von Siemens beschließt, sein Büro in der Hofmannstraße in München, auf dem bereits bestehenden Fabrikgelände, einzurichten.[16] 1949 wird zu diesem Zwecke das Palais am Wittelsbacher Platz angemietet (vgl. hierzu Punkt 4.4). Man entscheidet sich, als Zentrale von S&H München zu wählen und für SSW Erlangen, da hier noch ein intaktes Werk stand. Trotz alledem behalten beide Stammfirmen Berlin als zweiten Firmensitz bei – die Entscheidung für München war zu diesem Zeitpunkt also noch immer nicht endgültig, sondern in den Augen vieler weiterhin ein Provisorium, bis Berlin wieder verfügbar

[12] Yamamoto, K. (1997): Standortgeschichte von Großunternehmen am Beispiel Siemens. S. 67
[13] Decurtins, D. (2002): Siemens. Anatomie eines Unternehmens. S. 30
[14] Yamamoto, K. (1997): Standortgeschichte von Großunternehmen am Beispiel Siemens. S. 71
[15] Yamamoto, K. (1997): Standortgeschichte von Großunternehmen am Beispiel Siemens. S. 71
[16] Decurtins, D. (2002): Siemens. Anatomie eines Unternehmens. S. 32

wäre. Feldenkirchen betont jedoch, dass dieses Vorgehen trotzdem sehr sinnvoll und lobenswert war: „Eine einheitliche und verantwortliche Führung des Hauses auf den verschiedenen Arbeitsgebieten war wieder gewährleistet, aber auch die besondere Lage Berlins berücksichtigt."[17]

Ein weiterer Schritt, der ein gewisses Bekenntnis für München als Hauptsitz verdeutlicht, ist der Kauf des zuvor nur angemieteten Ludwig-Ferdinand-Palais am Wittelsbacher Platz im Jahr 1957 (vgl. dazu Punkt 4.4). Hierbei sei aber nochmals betont, dass dies vorerst nur der Hauptsitz von S&H ist; erst nach dem Zusammenschluss von S&H, SSW und SRW zur Siemens AG im Jahr 1966 dient das Palais als gemeinsamer Konzernsitz.[18]

Wie oben bereits angedeutet, ist diese Entscheidung für München als Konzernzentrale noch immer nicht endgültig – der Fall der Berliner Mauer stößt die Diskussion um den Sitz des Headquarters wieder an.

3.2 Entscheidung für den Verbleib des Hauptsitzes in München in den neunziger Jahren

Ein zweiter historischer Moment in der Standortgeschichte von Siemens findet zu Beginn der neunziger Jahre statt: im Zuge des Mauerfalls lebt eine alte, doch nie ganz erloschene Debatte wieder auf – um den Standort München (und nicht Berlin) als Hauptsitz des Konzerns. Mit dem Fall der Mauer fällt gleichzeitig auch die größte Hürde in dieser Diskussion und eine Verlegung des Hauptsitzes des Weltunternehmens erschien äußerst attraktiv.

Erst als entschieden ist, dass der Hauptsitz in München verbleiben sollte, ist der Weg für eine Neugestaltung geebnet, und erst dann hatte Siemens auch Interesse daran, ein architektonisches Zeichen in diese Richtung zu setzen.

Das macht diesen Zeitraum für die Betrachtung der Konzernzentrale so interessant (vgl. Punkt 4.4); für die anderen Münchner Standorte spielt ein anderer Faktor eine viel wesentlichere Rolle: Ende der achtziger und zu Beginn der neunziger Jahre läuft parallel zur Debatte um den Hauptsitz eine weitere Entwicklung, die 1989 mit der großen Reorganisation der Unternehmensstruktur einsetzt. Ausgelöst wird sie durch eine Liberalisierungs- und Privatisierungswelle staatlicher Betriebe, zum Beispiel der Telekom, die jahrelang eng mit Siemens zusammenarbeiteten. Diese Entwicklung ruft einen „Unternehmensschock"[19] hervor, im Zuge dessen der Gesamtvorstand halbiert „und ein Zentralvorstand eingerichtet [wird]. Die bisher sieben 'Unternehmenssäulen' teilte man in 18 Bereiche auf, dies mit dem Ziel der höheren Eigenverant-

[17] Feldenkirchen, W. (2003): Siemens. Von der Werkstatt zum Weltunternehmen. S. 264
[18] Feldenkirchen, W. (1997): 150 Jahre Siemens. S. 74
[19] Schuhler, C. (2005): Der Wandel der Unternehmenskultur durch Wissensproduktion und Globalisierung… S.21

wortlichkeit und der stärkeren Kundennähe. Der zentrale Inlandsvertrieb wurde direkt den operativen Einheiten zugeordnet. [...] Zeitgleich liefen Kostensenkungs-, Produktivitäts- und Innovationsprogramme."[20]

Im Jahr 1995 findet eine grundlegende Änderung der Unternehmensstruktur statt: die zuvor sehr zentralistisch ausgerichtete Struktur, die eine starke Abhängigkeit und Verzahnung der einzelnen Unternehmensbereiche aufweist, wird aufgelöst und dahingehend abgeändert, dass die Ausrichtung auf die Zentrale zwar immer noch deutlich zu erkennen ist, die einzelnen Bereiche aber sehr viel stärker voneinander abgegrenzt sind. Die neue Unternehmensstruktur ermöglicht zum einen eine starke Konzentration auf einzelne Abteilungen oder Bereiche und erleichtert zugleich die Abspaltung anderer.

Diese Umwälzung ist größtenteils der zu diesem Zeitpunkt bereits langsam einsetzenden Globalisierung geschuldet, die ein Umdenken in vielerlei Hinsicht erforderlich macht. Im Verlauf dieser Arbeit wird sich zeigen, dass es auch die Globalisierung ist, die die ständige Vergrößerung der Siemens-Standorte im Münchner Raum bremst und schließlich zum Rückbau und Verkauf von Grundstücken führt.

Deshalb ist es an dieser Stelle sinnvoll, sich die Entwicklung einiger Standorte in der unter diesen beiden Punkten dargestellten Zeit anzusehen.

4. Entwicklung ausgewählter Standorte von 1945-2012

Die Standortentwicklung von Siemens in München lässt sich in verschiedene Phasen gliedern. Als erste Phase wird in dieser Arbeit die Zeit von 1927 bis 1955 angesehen. In dieser Phase fanden erste bedeutende Standortverlagerungen nach bzw. Zweigstelleneröffnungen in München statt. Auf diese Weise entwickelt München eine gewisse erste Attraktivität für Siemens. Der Kauf der Fabrik in der Hofmannstraße in Obersendling (vgl. Punkt 4.3) fällt in diesen Zeitraum.

In der zweiten Phase von 1955 bis ca. 1970/80 erlebt die Firma einen enormen Aufschwung und baut neue oder erweitert ihre bereits bestehenden Standorte auf riesigen Arealen. Das Jahr 1955 markiert den Beginn dieser Entwicklung mit dem Neubau auf dem Areal an der Balan- und St.-Martin-Straße in Giesing (vgl. Punkt 3.2) und dem Bau des Verwaltungsgebäudes am Oskar-von-Miller-Ring (vgl. Punkt 3.4). Auch der weiträumige Ausbau des Standortes in Obersendling mit dem Bau der Werkssiedlung ist in diesem Zusammenhang zu erwähnen. Erklären lässt sich dieser wirtschaftliche Erfolg durch den Aufschwung der Elektroindustrie

[20] Decurtins, D. (2002): Siemens. Anatomie eines Unternehmens. S. 43-44

im Großraum München im Allgemeinen, bedingt durch Synergieeffekte, die von der Ansiedlung großer Firmen wie AGFA Camera-Werke und Osram GmbH – neben Siemens – hervorgerufen wurden.

> „Die technologischen Erträge der Siemens-Ansiedlung in München zeigten sich schon in den 50er Jahren: Neue Forschungszentren der Siemens-Stammgesellschaften wurden nicht in Berlin, sondern in Westdeutschland aufgebaut. So richtete Siemens & Halske 1955 ein nachrichtentechnisches Laboratorium in München ein; 1958 folgte ein Laboratorium zur Erforschung von Werkstoffen sowie zur Grundlagenforschung. Die Inbetriebnahme des Forschungsreaktors in Garching bei München 1959 wurde mit Hilfe von Wissenschaftlern eines Erlanger Siemens-Laboratoriums bewerkstelligt.“[21]

Dass München als Standort attraktiv war, liegt Siemens‘ eigenen Angaben zufolge an vier Faktoren:

1) Die Verfügbarkeit von qualifizierten Arbeitskräften
2) Die generell hohe Verfügbarkeit von Arbeitskräften allgemein
3) Münchens hoher Freizeitwert macht den Standort für Angestellte attraktiv
4) Das Bestehen von Forschungseinrichtungen.[22]

Auch Heßler schreibt Siemens eine bedeutende Rolle beim wirtschaftlichen Aufstieg Münchens zu. Als weitere Gunstfaktoren neben der hohen Zahl wissenschaftlicher Institute und der landschaftlich reizvollen Umgebung sowie dem kulturellen Umfeld führt sie noch das Fehlen „alter Industrien“ an[23], das die Stadt vor einer Art von Stigmatisierung bzw. einem bestimmten Image bewahrte.
Der wirtschaftliche Boom mit dem ein stark erhöhter Bedarf an Arbeitskräften einhergeht, führt auch zu vielen Zweigniederlassungen außerhalb Münchens[24] – darauf soll jedoch aufgrund des begrenzten Umfangs und der Thematik dieser Arbeit hier nicht näher eingegangen werden.

Die dritte Phase, die in den siebziger Jahren beginnt und bis Ende der achtziger Jahre andauert, ist durch den ersten großen Mitarbeiterrückgang gekennzeichnet.[25] Diese rückläufigen Angestelltenzahlen sind ein erstes Indiz dafür, dass die bis dahin andauernden permanenten Standortausweitungen und –ausbauten ein Ende finden und später sogar Rückbauten und Verkäufe stattfinden werden. Auch Dellinger stellt fest, dass Siemens kaum noch neu baut, „großen Teils werden je nach Bedarf Büroräume angemietet. Ein Zeichen, dass die Architektur

[21] Denzel, M. (2007): Geschichte des Finanzplatzes München. S. 199
[22] Krumme, G. (1970): The interregional corporation and the region. S. 323
[23] Heßler, M. (2007): Die kreative Stadt: Neuerfindung eines Topos, S. 67
[24] vgl. dazu: Krumme, G. (1970): The interregional corporation and the region. S. 325
[25] Feldenkirchen, W. (2003): Siemens. Von der Werkstatt zum Weltunternehmen. S. 304

immer weniger als Mittel zur Unternehmens-Repräsentation betrachtet wird, aber auch ein Zeichen für die schnellen Veränderungen des heutigen Unternehmens, für die ein fester Bau einem Wachstums-Stillstand gleicht."[26] Es muss hier aber noch einmal betont werden, dass sich diese Aussagen ausschließlich auf München beziehen und sogar bis zu einem gewissen Grad auf Deutschland übertragbar sind – weltweit gesehen aber nehmen die Beschäftigungszahlen von Siemens seit Mitte der neunziger Jahre wieder zu.[27] Vollkommen aus der Definition fällt damit der Bau des Standortes in Perlach in den siebziger und achtziger Jahren: Ein gänzlich unerschlossenes Areal in der damaligen Peripherie Münchens nach modernsten Maßstäben zu bebauen, passt nicht in den Zeitgeist der dritten Phase. Der Grund für die Durchführung dieses Bauvorhabens könnte sehr gut wieder in der Sonderstellung Münchens begründet. Wie bereits oben erwähnt, bietet München zahlreiche harte und weiche Standortfaktoren, die den Standort von anderen Städten abhebt. Zusätzlich begünstigend wirkt der Umstand, dass der Standort in Perlach keine Fertigungs- oder Produktionsstelle ist, sondern als wichtiger Standort für Forschung und Entwicklung dienen soll (vgl. Punkt 4.1). Dies verspricht Zukunftsfähigkeit, da die dort zur Verfügung stehenden Arbeitsplätze nicht so leicht ins Ausland abwandern können und ein langfristiges Bestehen dieses Standorts äußerst wahrscheinlich macht (vgl. dazu Punkt 5.3).

Die vierte und vorerst letzte Phase setzt Ende der achtziger bzw. zu Beginn der neunziger Jahre mit der oben bereits erwähnten Restrukturierung der Unternehmensstruktur ein. Diese Neugestaltung der Unternehmensbereiche und Zuständigkeiten, die auch Konzentrations- und Abspaltungsprozesse zur Folge hat, führt zu einer gravierenden Umgestaltung und Umnutzung der bereits bestehenden Standorte und in weiterer Konsequenz auch zu Verkäufen und Auslagerungen von Standorten bzw. Grundstücken.

Im Folgenden sollen nun die für München wichtigsten Standorte ein wenig näher beleuchtet werden.

4.1 Entwicklung des Standortes in Perlach

Im Jahr 1970 kauft Siemens für 50 Mio. DM ein 36 ha großes Grundstück in München-Perlach, auf dem von 1975 bis 1985 in vier Bauabschnitten die „Siemens-Denkfabrik"[28]/ „eine Stadt der Forschung"[29] entsteht, „deren wichtigste Aufgaben Forschung und Entwicklung

[26] Dellinger, B. (2004): Der Architekt und das Unternehmen. S. 17
[27] Stenke, G. (2002): Großunternehmen in innovativen Milieus. S. 73
[28] Popp, K. (1988): Räumliche Ebenen der Standortwahl mikroelektronischer Betriebe und deren Standortkriterien. S. 86
[29] Schäche, W. (1997): 150 Jahre Architektur für Siemens. S. 86

in den Bereichen Mikroelektronik und Mikroakustik sind."[30] Das Investitionsvolumen für dieses Bauvorhaben beträgt insgesamt etwa 1 Mrd. DM.[31] Im Jahr 1989 beherbergt dieser Standort bereits circa 10.000 Mitarbeiter[32], der von seinem „Volumen her, eines der größten je realisierten strukturalistischen Architekturkomplexe verkörpert.

Abbildung 1: Luftbild der "Bürostadt" Neuperlach[33]

In der Tat war mit Neuperlach damit etwas Unverwechselbares und Identitätsbildendes geschaffen worden, was sich jedoch mit der Fertigstellung als Modell für Folgebauten zugleich ausschloss, da die Gefahr einer Inflationierung der Gestaltungsidee nicht gering war."[34]
Wie bereits erwähnt, ist Perlach zeitlich der dritten Phase der Standortentwicklung zuzuordnen, auch wenn der Bau und Unterhalt des Standorts nicht der Definition der dritten Phase entspricht. Die ebenfalls weiter oben bereits erwähnte anders geartete Arbeitsplatzstruktur und die starke Zukunftsorientierung des Standortes bewirkten jedoch, dass der Standort bis heute existiert und auch keinen überdurchschnittlichen Rückbau bezüglich Gebäudestruktur und Arbeitsplätzen erfuhr.
Anders verhielt sich die Situation in Giesing; dies wird im folgenden Punkt dargestellt.

[30] Popp, K. (1988): Räumliche Ebenen der Standortwahl mikroelektronischer Betriebe und deren Standortkriterien. S. 86
[31] Feldenkirchen, W. (2003): Siemens. Von der Werkstatt zum Weltunternehmen. S. 305-306
[32] Dobler, R.; Fürstenberg, M. (1989): Standortentwicklung und aktuelle Standorttendenzen bei Siemens. S. 281
[33] Schäche, W. (1997): 150 Jahre Architektur für Siemens. S. 277
[34] Schäche, W. (1997): 150 Jahre Architektur für Siemens. S. 86

4.2 Entwicklung des Standortes in Giesing

In Giesing vollzieht sich die Bebauung nicht wie in Perlach auf einem großen Areal, das eigens für diesen Zweck zugekauft wurde; die Einrichtung neuer Standorte findet hier Schritt für Schritt in größeren zeitlichen Abständen statt. Trotz alledem befinden sich die einzelnen Einrichtungen in großer räumlicher Nähe.

Den Beginn markiert die Durchführung eines beschränkten Wettbewerbs im Jahr 1955 „zur Erlangung von Vorschlägen für die Bebauung eines neuen Fabrikareals an der Balanstraße in München [...]. Die Aufgabe umfasste die gesamte Bebauung eines Grundstückes von rund 100 000 m² mit neuen Fabrik-, Verwaltungs- und Laboratoriumsbauten sowie den dazugehörigen Wohlfahrtsanlagen. Der Entwurf des Architektenteams E.v.d. Lippe/H. Maurer wurde zur Realisierung ausgewählt.“[35]

Abbildung 2: Reinraumhalle an der Balanstraße 73[36]

Der nächste bedeutende Schritt ist die Einrichtung eines Design-Zentrums an der St.-Martin-Straße von 1985-1988. Um die ungünstigen Parkplatzsituation, die durch den Neubau noch verstärkt wurde, zu entschärfen, wird im Zuge der Planungen für dieses Designzentrum innerhalb eines halben Jahres auch ein Parkhaus nur für Berechtigte der Siemens AG an der St.-

[35] Maurer, H. (1989): Bauten und Projekte. 1947 bis heute. S. 50
[36] Schäche, W. (1997): 150 Jahre Architektur für Siemens. S. 86

Martin-/Ecke Balanstraße gebaut. Auch für diese beiden Projekte stammt der Entwurf aus dem Architekturbüro von Hans Maurer.

Abbildung 3: Fassade des Parkhauses zur St.-Martin-Straße hin[37]

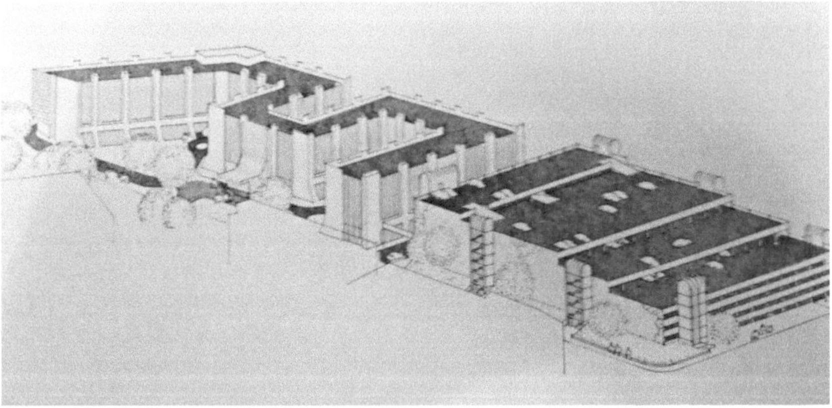

Abbildung 4: Entwurf für das Design-Zentrum an der St.-Martin-Straße[38]
„Die Aufgabe bestand in der Planung einer Bauanlage, welche das Grundstück ausnutzt und für unterschiedliche Nutzungen geeignet ist. So zum Beispiel für Büros, Labors, Maschinen- und Bedienräume für Rechenzentren. Der Gelände- und Gebäudesicherung wurde großer Wert zugemessen. […] Im Zentrum der mäanderförmigen Anlage ist der Haupteingang zu einer durch die Geschosse offenen Halle erweitert."

[37] Maurer, H. (1989): Bauten und Projekte. 1947 bis heute. S. 106
[38] Maurer, H. (1989): Bauten und Projekte. 1947 bis heute. S. 108

In den Jahren 1991 bis 1993 wird dann der Fertigungsstandort an der St.-Martin-Str. in ein Bürozentrum umgebaut. Diese Baumaßnahme ist ein erster Indikator für die zunehmende Tertiärisierung im Großraum München, die andere Arbeitsanforderungen mit sich bringt (vgl. dazu Punkt 5.1 und 5.3).

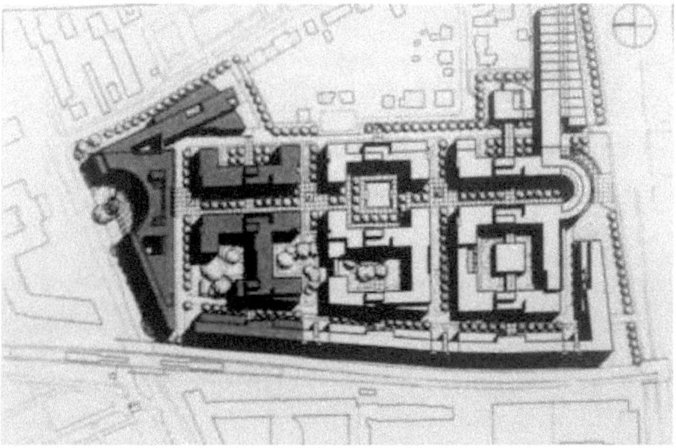

Abbildung 5: Grundriss des Standortes an der Balanstraße (unten) und St.-Martin-Straße (schräg links verlaufend)[39]
Dunkelgrau eingefärbt sind die Flächen, die 1991-1993 zum Bürozentrum umgebaut werden.

Abbildung 6: Vorderansicht des Bürozentrums an der St.-Martin-Straße 76[40]

[39] Schäche, W. (1997): 150 Jahre Architektur für Siemens. S. 134

Inzwischen wurde dieser Standort komplett aufgegeben und in den Gebäudekomplex an der St.-Martin-Straße 47 zog 2012 das Bayerische Landesamt für Statistik und Datenverarbeitung.[41]

Auch der Standort in Obersendling wurde inzwischen aufgegeben und die Grundstücke verkauft.

4.3 Entwicklung des Standortes in Obersendling

Der Standort in Obersendling entwickelte sich aus einer bereits bestehenden Fabrik in der Hofmannstraße 51 heraus. Wie bereits oben erwähnt, übernimmt Siemens & Halske die Vereinigten Bayerischen Telefonwerke AG (vormals Isaria Zählerwerke AG) im Jahr 1928 und stellte die Produktion von elektrischen Zählern auf Telefonapparate um. „Die Fläche des Fabrikgeländes betrug zirka 2.000 qm, und 1.200 Arbeiter beschäftigten sich mit der Herstellung der Telefonapparate. Die Zahl der Arbeiter nahm 1932 bis auf 400 ab, stieg jedoch schon im Jahr 1936 wieder auf bis zu 2.000 an, während des Zweiten Weltkriegs sogar bis auf zirka 2.300."[42] Im Jahr 1962 beträgt die Zahl der Angestellten bereits 12.700[43], später sogar über 20.000[44].

Im Jahr 1954 wird ein Wettbewerb ausgeschrieben, der zum Ziel hatte, auf dem Sendlinger Oberfeld vor München eine Werkssiedlung für die Arbeiter und deren Familien zu bauen. Der Bau erfolgt zum einen aufgrund der um sich greifenden Wohnungsnot, gleichzeitig macht er natürlich die Arbeitsplätze der Firma Siemens attraktiver. Die untenstehende Grafik (Ab- Nr. 7) zeigt den Wettbewerbsentwurf von Emil Freymuth, BDA, München, der schließlich den Zuschlag erhielt.

[40] Schäche, W. (1997): 150 Jahre Architektur für Siemens. S. 134
[41] B., G. (2012): Alte Akademie, Amerikahaus, acatech und eine Mauer des Schweigens. S. 4
[42] Yamamoto, K. (1997): Standortgeschichte von Großunternehmen am Beispiel Siemens. S. 60
[43] Krumme, G. (1970): The interregional corporation and the region. S. 322
[44] B., G. (2008): Nach dem Verkauf des Hochhauses an der Hofmannstr. nun weitere Grundstücksverkäufe. S. 14

Abbildung 7: Wettbewerbsmodell 1954[45]

Die Architekturzeitschrift „Baumeister" beschreibt in einem Artikel aus dem Jahr 1955 recht gut die Ausstattung des Wohnbauprojekts, aber auch die Rezeption desselben in der Bevölkerung:

> „Die ‚Siemens-Wohnungsgesellschaft m.H.', die als Bauherrin für diese Siedlung zeichnet, ist eine typische Erscheinung unserer Zeit, weil die großen Industrie-Unternehmungen heute auch die größten Bauherren sind und über die umfangreiche eigene Bauverwaltungen verfügen, denen jetzt im Zeichen krasser Wohnungsnot in viel höherem Maße als früher über die Erstellung der Fabrikanlagen und Verwaltungsgebäude hinaus die Schaffung von Wohnungen für ihre Angestellten und Arbeiter obliegt. Bei Siemens haben durch die Zerstörung der zu ihrer Zeit mit Recht berühmten ‚Siemensstadt' in Berlin und durch die bedingte Verlagerung der Werke und Verwaltungen an andere Orte, an denen die Bauaufgaben einen gewaltigen Umfang anstellen, das die Leitung des großen Unternehmens die alte Tradition, nicht nur zweckmäßig, sondern auch im Sinne der Architektur gut zu bauen, durchaus mit Erfolg fortführt. In dieser Linie liegt die Beauftragung eines anerkannten Münchener freischaffenden Architekten mit der Planung der großen neuen Wohnsiedlung auf dem sog. Sendlinger Oberfeld vor München.
> Auf ausgiebigen Grünflächen mit Kinderspiel-, Park- und Tennisplätzen wurden in lockerer Form Baublöcke der verschiedensten Mächtigkeit angeordnet, vom zweigeschossigen Reihenhaus bis zum Sternhochhaus mit 17 Wohngeschossen. Diese starke Differenzierung der

45 Verf. unbek. (1955): Wohnanlage für Angestellte der Siemens & Halske AG in München-Obersendling. S. 206

Baumassen nach zwei Dimensionen vermeidet städtebaulich den Eindruck der (für Siedlungen gefährlichen) Eintönigkeit und kommt wohntechnisch den verschiedenen Wohnneigungen entgegen. Der Durchgangsverkehr ist ferngehalten, an Wohnstraßen wurde aus wirtschaftlichen Gründen sehr gespart. Die Blöcke wurden so orientiert, dass fast überall die Wohnräume nach Süden oder Westen, die Schlafräume nach Osten zu liegen, und dass alle Wohnräume möglichst unbehinderte Sicht bieten, die hochgelegenen eine umfassende Fernsicht auf das Isartal und die ganze oberbayerische Alpenkette.
Alle Wohnungen haben Balkone oder Loggien, die so angeordnet sind, dass gegenseitige Einsicht vermieden wird. Auch die Wohnungsgrundrisse wurden nach Art und Größe stark variiert, um den verschiedenen Wohnbedürfnissen der Mieter entgegenzukommen. Auf ‚gefangene Zimmer' wurde grundsätzlich verzichtet. Alle Balkone und Loggien haben geschlossene Brüstungen, wegen Wind- und Sichtschutz, und vom Bauherrn gelieferte Blumenkästen aus Eternit, die von den Mietern erfahrungsgemäß gerne benützt werden.
Die Siedlung ist noch nicht vollendet. Außer weiteren Wohnbauten (darunter ein drittes Sternhaus) sind noch ein Kindergarten und eine Gaststätte geplant. [Letztendlich blieb es bei lediglich einem Sternhaus]
Die Siedlung umfasst zur Zeit 528 Wohnungen von 35 bis etwa 114 qm mit 1 bis 4 1/2 Zimmern.
An gemeinsamen Einrichtungen besteht eine Fernheizzentrale mit Wäscherei, Fernsprech-Selbstwählamt, Ladenzeile und Garagen."[46]

Dieses Zitat greift essentielle Aspekte der Planung und Durchführung auf.

Der erste Abschnitt verdeutlicht die Motivation Siemens', den Bau dieser Wohnanlage in Auftrag zu geben: Zum einen die bereits erwähnte Wohnungsnot; ein nicht zu vernachlässigender Aspekt scheint aber auch der Versuch einer „Wiederherstellung" des großen Vorbilds „Siemensstadt" in Berlin gewesen zu sein. Dann stellt sich die Frage, ob die Wohnanlage in Obersendling also in gewisser Weise als Prestigeprojekt fungierte. Zumindest sieht auch Schäche den Bau der Wohnanlage als einen Versuch, über das Bauliche eine klare Unternehmensidentität zu schaffen – dessen Erfolg jedoch nicht von langer Dauer gekennzeichnet war:

„Gleichwohl gab es im Aufbruch zu den neuen Ufern der Architektur, in den späten 50er und frühen 60er Jahren, durchaus den Versuch einer neuen architektonischen Identitätsbildung. Er ist wohl am konsequentesten in den damaligen Bauten des Standortes Hofmannstraße in München umgesetzt worden. Ihre Architektur steht für den Neuaufbau des Unternehmens im süddeutschen Raum. Im Besonderen im Verwaltungshochhaus Hofmannstraße war dieses erkennbar neue bauliche Image ausgedrückt [...].
Der 'Architektur der Hofmannstraße' die für kurze Zeit ‚eine erkennbare Identität ausbildete, jedoch auf zeitgebundene gestalterische Mittel beschränkt blieb' (Franz Klingan, München 1988), folgte bis in die Mitte der 70er Jahre dann - wie ausgeführt - eine Spannbreite unterschiedlichster Architekturen, die vom ortsgebundenen Unikat bis zur anonymen ‚Wetterhülle' reichte und neben der gestalterischen Vielfalt verschiedenste Nutzungskonzepte vereinte."[47]

[46] Verf. unbek. (1955): Wohnanlage für Angestellte der Siemens & Halske AG in München-Obersendling. S. 205

[47] Schäche, W. (1997): 150 Jahre Architektur für Siemens. S. 82

Der nächste Abschnitt des obigen Zitats widmet sich dem städtebaulichen Aspekt. Es wird die „starke Differenzierung der Baumassen“ gelobt, die „Eintönigkeit“ verhindert, und der freigehaltene Blick in die Alpen betont. Eine dieser „Differenzierungen“ stellt das Sternhochhaus dar, das als nachrichtentechnisches Entwicklungszentrum konzipiert wurde: 22 Stockwerke und rund

350.000 m² Bruttogeschossfläche. Mit 75 m Höhe ist es zu diesem Zeitpunkt – von Kirchtürmen abgesehen – das höchste Gebäude Münchens.[48] Der oben erwähnte Aspekt der Prestige- und Identitätsbildung kommt bei der Planung dieses Gebäudes mit Sicherheit auch zum Tragen.

Herr B.[49] schließt sich der Meinung von Maurer an, dass man Gebäude wie das Sternhochhaus heute so nicht mehr bauen würde, obwohl es aus damaliger Sicht durchaus als innovativ gelten konnte.

Positiv zu bewerten ist nach Meinung des Verfassers, der Versuch, unterschiedlichen „Wohnneigungen“ Rechnung zu tragen.

Im dritten Abschnitt wird auf die Ausstattung der Wohnungen selbst näher eingegangen, anschließend folgen noch einige technische Daten und Planungsziele.

Abbildung 8 zeigt die schematische Umsetzung der Gebäude mittels eines Lageplans. Das darauf folgende Foto zeigt den Blick über die Wohnsiedlung und den Hermann-von-Siemens-Sportpark. Die entwurfsgetreue Umsetzung des Projekts ist darauf sehr gut zu erkennen.

[48] B., G. (2008): Nach dem Verkauf des Hochhauses an der Hofmannstr. nun weitere Grundstücksverkäufe. S. 14-15

[49] Vgl. Anhang; Interview B.

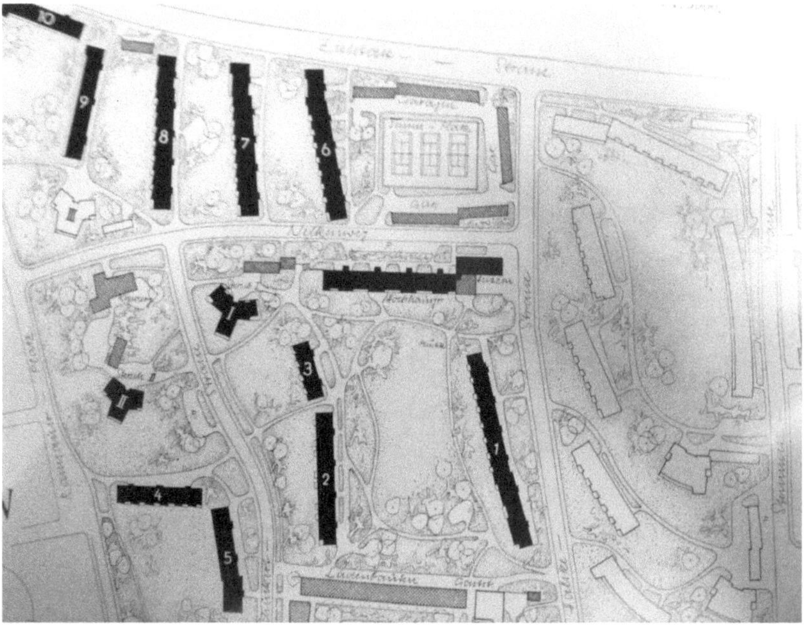

Abbildung 8: Lageplan der Wohnsiedlung Obersendling im Maßstab 1 : 3.000[50]
Die römischen Ziffern I und II kennzeichnen die Sternhäuser, die arabischen Zahlen 1-10 die Wohnblöcke.

Alles in allem ist das Projekt positiv zu bewerten, da durchaus versucht wurde, einen gewissen Freizeitwert („Grünflächen mit Kinderspiel-, Park- und Tennisplätzen") zu schaffen und eine ausreichende Infrastruktur (Kindergarten, Gaststätte, Wäscherei, Fernsprech-Selbstwählamt, Ladenzeile, Garage) bei gleichzeitig geringer Verkehrs- und Lärmbelästigung („der Durchgangsverkehr ist ferngehalten") bereitzustellen. Es ist davon auszugehen, dass die Wohnsiedlung in der damaligen Zeit eine durchaus attraktive Alternative des Wohnens darstellte, zumal natürlich die absolute Nähe zum Arbeitsplatz gegeben war. Dies impliziert auch der Autor des bereits genannten Artikels mit folgender Aussage:

> „Die Siemens-Siedlung, wie wir sie kurz nennen wollen, stellt städtebaulich und wohntechnisch eine große Leistung dar, aber auch in sozialer Hinsicht; denn der Bauherr hat freiwillig große finanzielle Leistungen übernommen, um die Mieten möglichst niedrig halten zu können."[51]

[50] Verf. unbek. (1955): Wohnanlage für Angestellte der Siemens & Halske AG in München-Obersendling. S.207
[51] Verf. unbek. (1955): Wohnanlage für Angestellte der Siemens & Halske AG in München-Obersendling. S. 226

Dennoch erreichte auch dieses groß angelegte Bauprojekt nie die ursprünglich geplanten Ausmaße. Das geplante, dritte Sternhaus wurde nie gebaut, ebensowenig wie der Ausstellung- und Vortragssaal in der Eingangshalle des ersten Sternhauses.[52]

Einige Jahre nach dem Bau der Wohnsiedlung (1959-1960) wurde der Hermann-von-Siemens-Sportpark angelegt, der als „eine Art Riegel zwischen Gewerbegebiet und Sollner Wohnbebauung“[53] fungiert. Der Architekt Hans Maurer betont, dass dieser Park vorrangig ein Park für die Angestellten und Bewohner sein soll und kein Leistungszentrum, wie beispielsweise der Olympiapark in München.

> „Die Sportanlage soll vor allem der Erholung der Betriebsangehörigen, nicht dem Leistungssport, dienen; daher sind auch keine Tribünen vorgesehen. Das sehr umfangreiche Sportangebot reicht vom Wassertreten bis zum Fußballspielen.“[54]

Abbildung 9: Blick über die Siemens-Wohnanlage und den Hermann-von-Siemens-Sportpark[55]

[52] Maurer, H. (1989): Bauten und Projekte. 1947 bis heute. S. 55
[53] Maurer, H. (1989): Bauten und Projekte. 1947 bis heute. S. 55
[54] Maurer, H. (1989): Bauten und Projekte. 1947 bis heute. S. 57
[55] Maurer, H. (1989): Bauten und Projekte. 1947 bis heute. S. 56

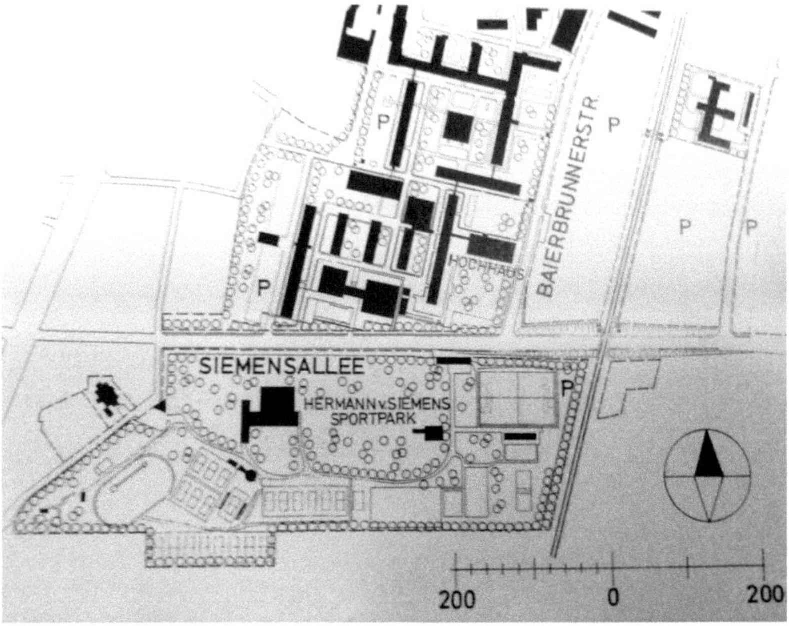

Abbildung 10: Grundriss der Siemens-Anlage[56]

Im Jahr 1966 erhält die Siedlung eine eigene S-Bahn-Station „Siemenswerke", 1989 folgt die U-Bahn-Haltestelle „Obersendling".[57] Dadurch wird eine attraktive Infrastrukturanbindung an dieses Areal geschaffen.

1976-1979 folgt mit dem „Kasino" an der Rupert-Mayer-Straße ein weiterer Neubau auf dem weitläufigen Gelände in Obersendling[58] (vgl. Abbildung Nr. 11). Es diente der Belegschaft des Siemens-Werkes in den darauffolgenden Jahren als Kantine.

[56] Maurer, H. (1989): Bauten und Projekte. 1947 bis heute. S. 56
[57] Dellinger, B. (2004): Der Architekt und das Unternehmen. S. 13
[58] Maurer, H. (1989): Bauten und Projekte. 1947 bis heute. S. 100-101

Abbildung 11: Kasino an der Rupert-Mayer-Straße[59]

In den folgenden circa zwanzig Jahren gibt es auf diesem Gelände keine nennenswerten Veränderungen mehr, zumindest keine, die die Größe oder den Umfang des Areals bedeutend verändern.

Auf dem Gelände wird die Mobilfunksparte von Siemens (ICM und ICN, später fusioniert) angesiedelt. Im Jahr 2002 erfährt der Betriebsrat dieses Teilbereichs, dass die Betriebsleitung an diesem Standort einen massiven Stellenabbau plant:

> „Die Betriebsleitung teilte dem davon völlig überraschten Betriebsrat ihre detaillierten Pläne mit, bis zum 30.09.2002 bei ICN 2 300 der 6 700 Beschäftigten und bei ICM N 300 von knapp 3 000 Beschäftigten zu entlassen und in einer Beschäftigungsgesellschaft (rund 2 000) und einer Arbeitnehmerüberlassungsgesellschaft (600) abzuwickeln. Jeder vierte Beschäftigte des Standorts sollte also binnen sieben Wochen seinen Arbeitsplatz verlieren. [...]
> Es steht zu vermuten, dass das Unternehmen die schwache Konjunktur auch nutzen wollte, um schon im Vorgriff auf die im nächsten Jahr folgende Offshoring-Offensive den Personalabbau so weitgehend und rasch wie möglich durchzuführen.“[60]

Der Betriebsrat und die gesamte Belegschaft intervenierten zwar vehement, und erreichten auch eine Verringerung der Kündigungszahl auf „nur“ noch 200, „schon kurz später erhöht das Unternehmen aber erneut den Druck auf die Arbeitnehmer und teilte die Arbeitnehmer,

[59] Maurer, H. (1989): Bauten und Projekte. 1947 bis heute. S. 100

[60] Schuhler, C. (2005): Der Wandel der Unternehmenskultur durch Wissensproduktion und Globalisierung... S.27

die sich gegen die Kündigung geweigert hatten, auf neue Standorte und Abteilungen (außerhalb der Hofmannstraße) auf. Auf diese Weise entzog sie diese Mitarbeiter dem Einfluss des Betriebsrates Hofmannstraße."[61]

Wie im Zitat von Schuhler schon angemerkt, wird der Standort ab dem Jahr 2005 nach und nach aufgelöst. Das Gelände wird an den Investor Hubert Haupt Immobilien Holding verkauft, der dort nun „eine Mischbebauung aus Wohnen und Büros [plant]. In diesem Zuge werden aber auch Bauten Hans Maurers abgerissen."[62] B. weist aber darauf hin, dass diese Planung nicht von Anfang an vollständig von der Stadt unterstützt wurde, da die Stadt mit einem längeren Verbleib Siemens' auf dem Gelände gerechnet hatte:

> „Ein Bebauungsplan für das Siemens-Areal in Obersendling war unter der Prämisse entstanden, dass Siemens dort selbst aktiv bleiben sollte. Um den traditionellen Arbeitgeber zu halten, hatte die Stadt großzügige Baurechtsausweisungen in Aussicht gestellt. Vorschläge zu einem größeren Hochhausensemble tauchten auf. Nicht lange darauf hatte Siemens aber durchblicken lassen, dass für wesentliche Bereiche Verkaufsabsichten bestanden. Das dämpfte die Bereitschaft der Stadt zu neuen Baurechtsausweisungen schlagartig. Seither gab es zwei Planungen, eine der Stadt und eine von Siemens."[63]

Über einen Zeitraum von circa 3 Jahren hinweg werden in verschiedenen Sitzungen immer wieder unterschiedliche Entwürfe des konkurrierenden Wettbewerbsverfahrens seitens der Siemens-Jury und des Planungsreferats favorisiert und vom Stadtrat mit Aufforderung zur Überarbeitung gebilligt. Die letztendliche Planung beruht auf einem Entwurf des Architekturbüros Diener und Diener aus Basel mit Vogt Landschaftsarchitekten aus Zürich – beide Büros entstammen dem von Siemens ausgelobten Wettbewerb – und nimmt sich folgendermaßen aus:

> „Künftig soll das Areal nun eine zweigeteilte Campusstruktur erhalten: den Nordcampus mit der bestehenden Einfahrt von der Hofmannstraße und den Südcampus an der Siemensallee. In den dazwischen liegenden Freiflächen sollen unter anderem Rad- und Gehwege entstehen. Sie sollen künftig die Hofmann- mit der Rupert-Mayer-Straße auch für Anlieger verbinden."[64]

Auch die Jury des Wettbewerbsverfahrens nennt neben zahlreichen Vorzügen auch einige Mängel bzw. Nachteile des Entwurfs:

> „Der Entwurf vermag dem neuen Quartier eine eigenständige Identität zu geben. Die geringen Haustiefen ermöglichen entlang der lärmemittierenden Verkehrswege hohe Wohnqualität auch für kleine Wohnungen. Auch die Hochhäuser im Park lassen eine gute Wohnqualität erwarten. Ihre Erschließung muss jedoch klar geregelt sein und darf den Park nicht stören. Die gemeinschaftlichen Grünflächen im Inneren sind eine gute Ergänzung zum öffentlichen Park. Die Grenzen zwischen privaten und öffentlichen Grün sind zu definieren. Der Bereich westlich der

---

[61] Schuhler, C. (2005): Der Wandel der Unternehmenskultur durch Wissensproduktion und Globalisierung… S.33

[62] Dellinger, B. (2004): Der Architekt und das Unternehmen. S. 13

[63] B., G. (2008): Nach dem Verkauf des Hochhauses an der Hofmannstr. nun weitere Grundstücksverkäufe. S. 16

[64] B., G. (2008): Nach dem Verkauf des Hochhauses an der Hofmannstr. nun weitere Grundstücksverkäufe. S. 16

> Bahn ist ohne die eingestellte Bebauung im Park von etwas geringerem Reiz. Die Bebauung entlang der St.-Wendel-Straße weist einen zu geringen Abstand zu den östlich benachbarten Wohngebäuden auf, dies führt zu Belichtungsproblemen in den unteren Geschossen. Die Anforderungen des Immissionsschutzes sind konsequent berücksichtigt. Die Erschließung, insbesondere des Versorgungsbereichs im Norden, ist zu verbessern und zu präzisieren. Das gesamte Gelände wird als Park begriffen, der die gewünschten Nutzungen in prägnanter Weise aufnimmt. Fast nebenbei wird dem kleinen Durchgang unter der S-Bahn ohne großen Aufwand ein signifikanter Stellenwert in einem Gesamtkonzept gegeben. Das ist nur ein Beispiel dafür, dass es gelingt, einen Zusammenhang zu formulieren, der die disparaten Ansprüche der Auslobung zu einem Thema zusammenbindet.
> Insbesondere vermag die Freiflächenkonzeption und Parkgestaltung dem neuen Viertel durch hohe Qualität in einfacher und klarer Sprache einen eigenständigen Charakter zu verleihen. Das Projekt erfordert allerdings eine sensible Durcharbeitung und höchste Qualität bei der Umsetzung."[65]

In einer öffentlichen Sitzung beschließt der städtische Ausschuss für Stadtplanung und Bauordnung am 31.01.2007, dass die Ergebnisse des Workshopverfahrens dem Ausschuss vorgelegt werden müssen, und der Stadtrat nach dieser Überarbeitung eine Empfehlung aussprechen wird, „auf welcher Basis die Entwicklung eines Bebauungsplans erfolgen soll".[66] Investor Haupt gibt anschließend an, den Entwurf von Diener und Diener mit Verbesserungen realisieren lassen zu wollen. Diese Verbesserungen beziehen sich größtenteils auf die von der Jury genannten Mängel.

Abbildung 12: Baustellenbereich auf dem ehemaligen Siemens-Gelände[67]

In der obenstehenden Grafik ist mit roter Umrandung das Gebiet eingezeichnet, auf dem in naher Zukunft 1.200 Wohnungen und Gewerbebauten mit einer Geschossfläche von 95.000 m² geplant sind. „Zu ihm gehören zusätzlich rund 15.000 Quadratmeter Geschossfläche für

[65] Beschlussvorlage des Ausschusses für Stadtplanung und Bauordnung vom 31.01.2007, S. 5-6
[66] Beschlussvorlage des Ausschusses für Stadtplanung und Bauordnung vom 31.01.2007, S. 7
[67] B., G. (2008): Nach dem Verkauf des Hochhauses an der Hofmannstr. nun weitere Grundstücksverkäufe. S. 15

Einzelhandel, Gastronomie und Ärzte. Außerdem soll das Areal eine Schule, Kinderkrippen und Kindergärten bekommen. Auf der Grundlage des architektonischen Siegerentwurfs, der aus einem städtebaulichen Wettbewerb zur Neugestaltung des Standorts hervorgegangen ist, werde die Planung in Abstimmung mit der Landeshauptstadt München zügig vorangetrieben, erklärte Siemens. Haupt zufolge sollen die Bauarbeiten Ende nächsten Jahres beginnen [i.e. 2009].“[68]

Allerdings hat B. an diesen Planungen einige Details auszusetzen:

> „Wie leicht sich in München Chancen vernünftiger Stadtentwicklung verspielen lassen, zeigt derzeit exemplarisch ein Bebauungsplan in Obersendling. [...] [W]as der Bebauungsplan zeigt, macht so keinen Sinn. Die ersten Planungsschritte hatten noch den verheißungsvollen Namen „Isar Süd“. Das forderte eine nicht nur gedankliche Verbindung zur Isar. Sie fehlt aber nun. Verblüfft fragt man sich, warum diese Grünverbindung zum Isarraum nicht erkennbar ist. Eine Vernetzung der Grünverbindungen fehlt auch nach Westen; sie müsste in die Planungen ebenfalls eingearbeitet werden. [...]Was ist geplant? Ein Kerngebiet an einem Park und ein Sondergebiet mit einem Demenzzentrum an der Siemensallee, einer bereits jetzt stark mit Verkehr und damit Verkehrslärm belasteten Straße.“[69]

B. kritisiert, dass die sogenannten „Verbesserungen“ keine sind, da sie erhebliche Nachteile zum ursprünglichen Entwurf aufweisen und wenig durchdacht erscheinen: „Ein Kerngebiet an einem Park“ und damit mit vergleichsweiser schlechter Anbindung für ÖPNV und MIV und gleichzeitig ein Altenheim bzw. „Demenzzentrum an der Siemensallee“, für das die hohe Verkehrsbelastung und der hohe Lärmpegel bestimmt nicht von Vorteil sind.

Letztendlich verschiebt sich der Baubeginn noch um ein gutes Jahr, der Stadtratsausschuss stimmt der Bauordnung mit den Bebauungsplänen für eine Teilfläche der ehemaligen Siemenswerke erst am 8. Dezember 2010 zu.[70] Die endgültigen Planungen für das Areal nehmen sich zu diesem Zeitpunkt folgendermaßen aus:

> „Auf knapp 20 Hektar der ehemaligen Siemenswerke Obersendling an der Baierbrunner Straße rund um den S-Bahnhof entsteht ein Quartier für rund 2.000 Bewohner sowie etwa 1.000 Arbeitsplätze. Von den insgesamt 950 geplanten Wohnungen werden rund 300 Wohnungen im geförderten Wohnungsbau errichtet. Zentrales Element ist ein Park von der Baierbrunner bis zur St.-Wendel-Straße. Das große Wohngebiet zwischen der St.-Wendel-Straße und der Bahnlinie bekommt fünf bis zu 16-geschossige Wohnhochhäuser. Ein Gewerbegebiet kommt an die Rupert-Mayer-Straße. Zwischen Baierbrunner Straße und der Haltestelle Siemenswerke entstehen eine Grundschule und eine Kindertagesstätte. Auch ein Nahversorgungszentrum ist beschlossen. Am Südende wird das Gelände durch ein Pflegezentrum abgeschlossen.“[71]

[68] B., G. (2008): Nach dem Verkauf des Hochhauses an der Hofmannstr. nun weitere Grundstücksverkäufe. S. 15-16

[69] B., G. (2010): In Obersendling kommen auf früheres Siemens-Gelände rund tausend Wohnungen. S. 3-4

[70] B., G. (2011): Grünes Licht für Ex-Funkkaserne und ehemalige Siemens-Flächen in Sendling. S. 16

[71] B., G. (2011): Grünes Licht für Ex-Funkkaserne und ehemalige Siemens-Flächen in Sendling. S. 16

Ziel ist also „eine ‚Komplettversorgung' dieses Stadtquartiers aus sich selbst"[72] heraus.
Es fanden also keine nennenswerten Veränderungen gegenüber dem Entwurf von 2007 statt. Lediglich die Zahl der zu bauenden Wohnungen wurde etwas nach unten korrigiert. Ob sich diese Planung als vorteilhaft erweist, wird sich zeigen.
Auch das Hochhaus wurde an Herrn Haupt verkauft, die Planungsziele dafür sind allerdings noch unklar. Sicher ist bisher nur, dass es nicht abgerissen wird, da die Fassade denkmalgeschützt ist. Ob es aber beispielsweise entkernt wird oder welcher Nutzung es danach unterzogen wird, ist – zumindest der Öffentlichkeit – noch nicht bekannt. Der zeitliche Aufschub bedeutet für Herrn Haupt indes keinen nennenswerten Wertverlust, da das Gebäude durch die umstehenden Siemens-Altbauten aufgewertet wird.[73]
Kann Herr Haupt also als eine Art „Heuschrecke" bezeichnet werden, die ohne Rücksicht auf Verluste (der Stadt und ihrer Bewohner) rein profitorientiert baut? Wohl eher nicht. Dass seine Holding als privates marktwirtschaftliches Unternehmen möglichst hohe Gewinne erzielen möchte, kann ihm wohl kaum zum Vorwurf gemacht werden. Gleichzeitig ist Haupt selbst Münchner, der auch seinen Unternehmenssitz hier hat; er ist kein „auf den Bahamas ansässiger Immobilienfonds"[74], der danach nie wieder im Münchner Raum Geschäfte machen muss oder will. Außerdem ist er stets erreichbar und bis zu einem gewissen Grad zum Dialog bereit. Es ist demnach davon auszugehen, dass Herr Haupt nicht der schlechtestmögliche Investor ist, der dieses Areal hätte kaufen können.
Auch das Schicksal des Hermann-von-Siemens-Sportparks rückte in jüngster Zeit in den Fokus der Aufmerksamkeit. Die Stadt überlegte – vermutlich aus Kostengründen –, den Hermann-von-Siemens-Sportpark aufzugeben, nachdem sich Siemens nicht mehr um seine Instandhaltung kümmert. Dagegen legt die SPD-Stadtratsfraktion im Rathaus am 31.05.2011 einen Antrag zur Weiterführung desselben vor. Sie führt an, dass der Park einen elementaren Teil der Münchner Sportinfrastruktur darstellt und angesichts der fehlenden Alternativen in dieser Gegend die Finanzierung der Übernahme und gegebenenfalls Sanierung des Parks dringend notwendig sei.[75]
In Obersendling lebt also mit dem Sternhaus und dem Siemens-Sportpark noch ein Teil des ursprünglichen Siemens-Standortes fort. Am Wittelsbacher Platz verhält sich die Situation anders: Diesen Standort hat Siemens nicht aufgegeben – und wird es aller Voraussicht nach in absehbarer Zeit auch nicht tun –, doch dort verändert sich das Aussehen durch den geplanten

[72] B., G. (2011): Stadtreparatur am Oskar-von-Miller-Ring darf keine bloße Verkehrslösung werden. S. 8
[73] B., G. (2008): Nach dem Verkauf des Hochhauses an der Hofmannstr. nun weitere Grundstücksverkäufe. S. 15
[74] Vgl. Interview B.
[75] Vgl. Antrag der SPD-Stadtratsfraktion vom 31.05.2011

Neubau immens; lediglich das denkmalgeschützte Ludwig-Ferdinand-Palais am Wittelsbacher Platz wird dann noch an die „alten Zeiten“ erinnern.

4.4 Entwicklung des Standortes am Wittelsbacherplatz/Oskar-von-Miller-Ring

Im Jahr 1948 bekundete Siemens Interesse daran, die Verwaltung des Unternehmens an prominenter Stelle im Stadtgefüge einzurichten. Dafür wurde das 1928 von Leo von Klenze im klassizistischen Stil erbaute Ludwig-Ferdinand-Palais am Wittelsbacher Platz angemietet[76]. Dem Konzern schlug bei diesem Vorgehen jedoch nicht uneingeschränkte Begeisterung seitens der Stadt entgegen:

> "It should be noted that the 'industrial climate' in Munich's City Hall was not particularly favorable following the war. City officials were quoted saying that 'there were never gratis land or reduced taxes for the attraction of industrial firms.' Officials from the Siemens Concern indicated that the corporation was confronted with 'indifference' on the side of the city government when it first considered to re-establish its headquarters in Munich. When the unemployment situation, however, did not improve in the early 1950's, the official attitude tended to be more open, and apparently City Hall even began to attempt 'to win establishments for the metropolitan economy.'"[77]

Wie im Zitat erwähnt, schlug die anfängliche Skepsis im Laufe der fünfziger Jahre – mitbegründet durch die angespannte Wirtschaftslage – in eine stärkere Befürwortung oder zumindest Einsicht in die Notwendigkeit der Unterstützung um. Um Siemens entgegen zu kommen (vielleicht in der Hoffnung, langfristig Arbeitsplätze, Wirtschaftskraft und Steuereinnahmen zu sichern?), war die Stadt nach dem Kauf des Ludwig-Ferdinand-Palais 1957 sogar bereit, für den Bereich zwischen Oskar-von-Miller-Ring, Kardinal-Döpfner-Straße und Jägerstraße einen Bebauungsplan zur städtebaulichen Neuordnung des Areals aufzustellen[78] und damit ein 36 m hohes Siemens-Hochhaus an dieser Stelle zu ermöglichen, für das bereits Entwürfe aus den Jahren 1953-1955 von Hans Döllgast existierten.

[76] Feldenkirchen, W. (2003): Siemens. Von der Werkstatt zum Weltunternehmen. S. 268
[77] Krumme, G. (1970): The interregional corporation and the region. S. 324
[78] Bäumler, K. (1991): „Der Maxvorstädter“ vom 06.05.1991, S. 13

Abbildung 13: Skyline von München bei Umsetzung des Siemens-Hochhauses[79]

Begünstigt wurde diese Entscheidung zur Abänderung des Bebauungsplans durch den Umstand, dass ein Großteil der Bebauung zwischen Ludwig- und Türkenstraße durch die Bombardierung im Zweiten Weltkrieg zerstört worden war und sowieso ein groß angelegter Umbau dieses Viertels begonnen hatte.[80] Dem vehementen Einspruch unter anderem des Bezirksausschusses Maxvorstadt ist es dann auch zu verdanken, dass der Plan für das Siemens-Hochhaus nie in die Tat umgesetzt wurde.

Wie bereits in der Einleitung zu diesem Kapitel erwähnt, wurde im Jahr 1955 mit dem Bau eines Verwaltungsgebäudes am Oskar-von-Miller-Ring begonnen, das den Standort in der Innenstadt erweiterte. Siemens schrieb bereits damals einen Wettbewerb für den anstehenden Neubau aus – der Zuschlag ging an das bei Siemens bereits bekannte und geschätzte Architekturbüro von Hans Maurer. Ihm oblag es nun, einen „zentrale[n] Verwaltungsbau [zu gestalten], in dem Büros, unter anderem für die Formgebungsabteilung, Vortragsräume, Schulungssäle und Ausstellungsräume untergebracht werden mussten.

E.v.d. Lippe/Maurer schlugen einen um einen Hof im Wesentlichen zweibündig organisierten fünfstöckigen Bau auf quadratischem Grundriss vor (vgl. Ab Nr. 14).

[79] Bäumler, K. (1993): „Der Maxvorstädter“ vom 01.07.1993, S. 4

[80] B., G. (2011): Stadtreparatur am Oskar-von-Miller-Ring darf keine bloße Verkehrslösung werden. S. 6

Abbildung 14: Modell des Verwaltungsgebäudes am Oskar-von-Miller-Ring[81]

Um die an den Ecken liegenden Aufzugstürme und ihre Maschinentürme nicht über die Dachlinie des obersten Geschosses hervorragen und um dieses Geschoss möglichst niedrig wirken

[81] Maurer, H. (1989): Bauten und Projekte. 1947 bis heute. S. 53

zu lassen, wurde eine geschwungene, nach der Mitte zu fallende Dachlinie geplant."[82] Die folgende Abbildung zeigt das Verwaltungsgebäude nach seiner Fertigstellung.

Abbildung 15: Verwaltungsgebäude am Oskar-von-Miller-Ring 18[83]

Das Modell aus Abbildung 14 und weitere hier nicht abgebildete Entwürfe zeigen, „dass für die Anlage weitere Bauten vorgesehen waren. Im ersten wie im zweiten Entwurf ist direkt hinter der Verwaltung ein zehngeschossiger, langgestreckter Bau geplant. Im dritten und vierten Entwurf wird dem alleinig ausgeführten Verwaltungsbau ein Hochhaus zur Seite gestellt, bereits an der Stelle, an der sich heute mit dem Siemens-Forum aus den neunziger Jahren tatsächlich ein Hochhaus befindet. Der dritte Entwurf enthält zudem weitere Gebäude, wie ein frei stehendes Kasino oder zwei zueinander versetzte Bauten zur Fürstenstraße, die bei Erweiterungsplanungen am Standort Oskar-von-Miller-Ring in den sechziger Jahren wieder aufgenommen wurden. Zur Ausführung kam dabei allein ein fünfgeschossiges Bürogebäude zur Finkenstraße, das 1968-70 nach einer Planung Maurers erstellt wurde [vgl. Abbildung 17]. Die für das Hochhaus vorgesehene Fläche jedoch blieb über die Zeit Hans Maurers bei Siemens hinaus unbebaut und als Parkplatz genutzt, so dass die Süddeutsche Zeitung die Entscheidung für den Bau des Siemens-Forum[s] durch den amerikanischen Architekten Richard Meier, das wir heute an eben dieser Stelle finden, mit ‚Siemens baut auf Münchens teuerstem Parkplatz' vorstellte [SZ vom 18.12.1996].

[82] Maurer, H. (1989): Bauten und Projekte. 1947 bis heute. S. 52-54
[83] Maurer, H. (1989): Bauten und Projekte. 1947 bis heute. S. 53

Seit der Fertigstellung des neuen Forums am Oskar-von-Miller-Ring 1999 befindet sich der Verwaltungsbau von 1955 nicht mehr im Besitz von Siemens, sondern gehört der Münchner Rückversicherungs-Gesellschaft und ist Sitz der MEAG“[84] (MUNICH ERGO Asset Management; Kapitalanlagegesellschaft der Münchner Rück und ERGO).

Abbildung 16: Modell des Siemens-Forums an der Finkenstraße[85]

[84] Dellinger, B. (2004): Der Architekt und das Unternehmen. S. 18-19
[85] Schäche, W. (1997): 150 Jahre Architektur für Siemens. S. 136

Abbildung 17: Verwaltungsgebäude an der Finkenstraße, „Siemens-Forum"/„Richard-Meier-Bau"[86]

Wie bereits unter Punkt 3.2 erläutert, fiel die endgültige Entscheidung für den Verbleib des Hauptsitzes in München erst zu Beginn der neunziger Jahre. Der Bau des oben erwähnten Siemens-Forums, häufig auch als Richard-Meier-Bau bezeichnet, ist also bereits dieser Entwicklung geschuldet und markiert unter Umständen auch ein Bekenntnis zum „neuen alten" Konzernsitz.

Für das nächste Jahrzehnt bleibt der Standort dann relativ unverändert. Im Laufe der Jahre kristallisiert sich jedoch heraus, dass der zur Verfügung stehende Platz für die vorhandene und aus anderen Standorten in Zukunft dazukommende Belegschaft nicht mehr ausreicht. Es stehen zwar 15 verschiedene Gebäude auf dem Areal zur Verfügung, diese sind jedoch nicht nur aus Platz- sondern vor allem auch aus infrastrukturellen Gründen den Anforderungen modernen Arbeitens nicht mehr gewachsen. Deswegen gibt Siemens im Jahr 2010 bekannt, eine völlige Umgestaltung des Hauptquartiers zu planen.[87]

> „Bis auf das von Leo von Klenze erbaute klassizistische Palais am Wittelsbacherplatz, das als Prunkstück des Ensembles unter Denkmalschutz steht, sollen alle Gebäude bis zum Meier-Areal mit ihren über 32.500 Quadratmetern abgerissen werden."[88]

[86] Maurer, H. (1989): Bauten und Projekte. 1947 bis heute. S. 96
[87] Ammermann, U. (2010): Siemens will am Wittelsbacherplatz Teile seine Konzernzentrale erneuern. S. 2
[88] Ammermann, U. (2010): Siemens will am Wittelsbacherplatz Teile seine Konzernzentrale erneuern. S. 2

Auf diesen 32.500 m² sollen 45.000-47.000 m² Bruttogeschossfläche entstehen, was einer Baurechtsmehrung um etwa 10 Prozent entspricht. Nach Abschluss der Bauarbeiten sollen auch die 400 Mitarbeiter, die momentan ihren Arbeitsplatz noch im Siemens-Forum haben, in den Neubau umziehen. Das Forum will Siemens anschließend abstoßen, was dann damit passiert, ist allerdings noch unklar.[89]

Wie das Zitat schon andeutet, wird die Veränderung auf den ersten Blick jedoch nicht allzu gravierend sein: der Wittelsbacher Platz bleibt nahezu unverändert, was unter anderem auch daran liegt, dass das Ludwig-Ferdinand-Palais unter Denkmalschutz steht und deshalb dessen Fassade nicht angetastet werden darf. Lediglich in der Lücke zwischen Firmenkantine und Palais wird der Neubau zu sehen sein (vgl. Abbildungen 18 und 19). Das Palais selbst wird entkernt und zukünftig nicht mehr Einzelbüros enthalten, sondern ausschließlich Kongress- und Sitzungssäle.

Am 8. Februar 2012 stand der Bebauungsplan in einer öffentlichen Erörterung bei Siemens zur Diskussion.[90]

Abbildung 18: Blick auf das Hauptgebäude am Wittelsbacher Platz und die Firmenkantine (weißes Gebäude links) vor dem Umbau; ca. 60er Jahre[91]

[89] B., G. (2011): Siemens baut eine neue Konzernzentrale und bietet frühzeitige Erörterung an. S. 1

[90] Arbeitskreise Maxvorstadt und Bauleitplanung (2012): Neubau der Siemens-Konzernzentrale. S. 13

[91] Ammermann, U. (2010): Siemens will am Wittelsbacherplatz Teile seine Konzernzentrale erneuern. S. 2

Abbildung 19: Computersimulation des Blicks auf das Hauptgebäude am Wittelsbacher Platz nach dem Neubau[92]

> „Der Konzern möchte das bislang geschlossene Gelände öffnen und durchlässig gestalten. Eine offene Passage soll die Innenstadt mit dem Museumsviertel verbinden. [...] Nachts soll die Passage geschlossen werden. [...] Unklar ist auch noch, ob beim Neubau der § 34 Baugesetzbuch oder ein Bauleitplanverfahren angewendet wird. [Man entschied sich schließlich für ein vorhabengebundenes Bauleitverfahren mit der Aufstellung eines Bebauungsplans]. Klar ist dagegen eines: Der Konzern will einen geschlossenen Wettbewerb mit gezielt eingeladenen Architekturbüros. Der Zeitplan ist ehrgeizig: Nach derzeit laufenden Vorstudien beispielsweise zum Verkehr soll Anfang 2011 ein Architekturwettbewerb starten. Baubeginn soll Ende 2012 sein. Fertig werden soll der Neubau im Jahr 2015. Die Kosten liegen im unteren dreistelligen Millionenbereich."[93]

Den Architektenwettbewerb gewann das Architekturbüro Henning Larsen Architects aus Kopenhagen. Mit dem Entwurf zeigt sich auch die Stadt sehr zufrieden. Oberbürgermeister Christian Ude, der auch in der Jury für das Wettbewerbsverfahren saß, hält alle wichtigen Erwartungen der Stadt für voll erfüllt. „Das Gesicht des historischen Wittelsbacherplatzes werde bewahrt, der Oskar-von-Miller-Ring, jetzt nur eine Verkehrsschneise, deutlich belebt und das Areal zwischen Altstadt und Pinakotheken auf vielfältige Weise durchlässiger und mit green technology auch zukunftsfähiger."[94]

Ausschlaggebend für die Entscheidung von Seiten der Stadt für diesen Entwurf war sicherlich auch der durchgängige Nachhaltigkeitsansatz, „ der höchste internationale Standards an Umweltfreundlichkeit und Energieeffizienz erfüllt."[95] Vorteilhaft dürfte auch gewesen sein, dass sich der Entwurf der bereits bestehenden Gebäudestruktur des unmittelbaren Umfelds anpasst.

---

[92] Münchner Forum (Hrsg.) (2011): Standpunkte. Sonderausgabe zur Maxvorstadt. S. 3
[93] Ammermann, U. (2010): Siemens will am Wittelsbacherplatz Teile seine Konzernzentrale erneuern. S. 2
[94] Münchner Forum (Hrsg.) (2011): Standpunkte. Sonderausgabe zur Maxvorstadt. S. 2
[95] Münchner Forum (Hrsg.) (2011): Standpunkte. Sonderausgabe zur Maxvorstadt. S. 2

Die offizielle Begründung der Jury greift viele von Oberbürgermeister Ude erwähnte Vorteile auf und lautet folgendermaßen:

> „Dem Siegerentwurf gelingt es mit einer selbstbewussten und zugleich sensiblen Herangehensweise, eine neue städtebauliche Qualität in die bestehende Stadt einzubringen. Durch die großzügige Öffnung zum Oskar-von-Miller-Ring entsteht eine neue selbstbewusste Adresse für die Siemens-Konzernzentrale. Der begrünte Vorplatz gewinnt eine neue Bedeutung am Übergang von der Altstadt zum Kunstareal und eröffnet dadurch eine Chance für die Innenstadtentwicklung. Der Wittelsbacherplatz wird als Ensemble respektiert; die Freistellung des Ludwig-Ferdinand-Palais ergibt eine großzügige Eingangssituation. Im Inneren entsteht ein durchgehendes Raumerlebnis in der Abfolge von unterschiedlichen Höfen, die jeweils eigene stadträumliche Identitäten durch Nutzungsvielfalt und gestalterische Themen bilden. Der Hof hinter dem Palais ist überdacht und erfährt als repräsentativer Hof für Siemens besondere gestalterische Aufmerksamkeit. Die Erschließung der Konzernzentrale erfolgt über einen klaren Hauptzugang in der Mitte des Areals. Durch die differenzierte architektonische Sprache wird der Baukörper nach außen gut in die bestehende Stadt eingebunden. Naturstein, Glas sowie die Gliederung der Fassaden treten in Bezug zum jeweiligen Gegenüber. Nach innen entfaltet die Architektur eine moderne, klare ästhetische Sprache, die sich durch eine starke dynamische, horizontale Gliederung auszeichnet. Die vorgeschlagenen Büroflächen sind flexibel nutzbar und ermöglichen so vielfältige moderne Arbeitswelten mit interessanten Bezügen nach innen und außen. Die nachhaltige Konzeption von Konstruktionsweise, Fassaden und energetischen Bausteinen wird durch eine eigenständige Architektursprache ausgedrückt.“[96]

In der oben erwähnten Erörterung des Bebauungsplans teilte das Unternehmen mit, dass über den Zeitraum der Bauarbeiten hinweg 2.500 Mitarbeiter in Ausweichquartiere umziehen müssen. Die Überarbeitung des Bebauungsplans ergab einheitliche Flachdächer und den Wegfall eines bisher geplanten achten Obergeschosses sowie eine Verbreiterung der Baukörper.[97] Außerdem soll das gesamte Erdgeschoss der Öffentlichkeit zugänglich gemacht werden.[98]

Die erwähnte Öffnung des Geländes Richtung Museumsviertel/Maxvorstadt bietet eine einmalige Chance, die Riegelwirkung, die der Standort momentan hat, aufzubrechen und stadtgestalterisch nachhaltig einzugreifen ohne die historische Relevanz des Wittelsbacher Platzes außer Acht zu lassen. Die Pinakothek der Moderne wäre dann an der Westseite mit Bussen erreichbar, während sich die Ostseite zum Fußgängerbereich hin öffnen würde. Der Hauptstrom der Besucher würde dann durch das Siemens-Gelände verlaufen.[99] Außerdem böte der Umbau gleichzeitig Gelegenheit für die Stadt, eine Neugestaltung des Oskar-von-Miller-Rings anzugreifen, der aus heutiger Sicht stadtplanerisch wenig sinnvoll und vor allem zu stark auf den Kraftfahrzeugverkehr hin angelegt wurde.

---

[96] Münchner Forum (Hrsg.) (2011): Standpunkte. Sonderausgabe zur Maxvorstadt. S. 4

[97] Arbeitskreise Maxvorstadt und Bauleitplanung (2012): Neubau der Siemens-Konzernzentrale. S. 13

[98] B., G. (2011): Siemens baut eine neue Konzernzentrale und bietet frühzeitige Erörterung an. S. 1

[99] Arbeitskreis Maxvorstadt(2011): Stadtreparatur am Oskar-von-Miller-Ring. S. 9

Abbildung 20: Veranschaulichung der geplanten Öffnung des Siemens-Neubaus zur Maxvorstadt hin[100]
Rot umrandet ist das neu zu bebauende Gelände des Siemens-Headquarters; die gelben Pfeile markieren die sich daraus ergebenden Fußwegerschließungen.

Die Arbeitskreise Maxvorstadt und Bauleitplanung des Münchner Forums e.V. kritisieren am überarbeiteten Bebauungsplan einige Punkte gegenüber dem Entwurf:

> „Eine wesentliche Qualität des Entwurfes lag in den ineinander übergehenden Freiräumen. Die Durchwegung verlief nicht geradlinig, sie schwang, dem Charme des Flanierens entsprechend, von Hof zu Hof und ließ doch den Ausgang erkennen. Dies wäre nach den Vorgaben des Bebauungsplans deutlich eingeschränkt. Denn gegenüber dem prämierten Wettbewerbsentwurf sind alle Neubauten deutlich breiter und die Durchgänge zwischen ihnen erheblich schmäler geworden – sie betragen jetzt etwa fünf Meter. Die öffentlich zu widmende Durchgangsfläche soll sogar nur noch vier Meter breit sein.“[101]

An dieser Stelle sollte nicht unerwähnt bleiben, dass die geplante Durchwegung des Siemensgeländes keineswegs ein revolutionärer Einfall von Henning Larsen Architects war. Bereits ab 1978 forderte der Bezirksausschuss Maxvorstadt-Universität in wiederholten Anträgen, dass „die durch den Altstadtring bewirkte funktionelle Trennung“[102] durch Schaffung von Querungsmöglichkeiten unter anderem auch durch das Siemensgelände abgebaut werden müsse. Angesichts dieser Tatsache ist es eher bedauerlich, dass es noch mehr als ein Vierteljahrhundert dauern sollte, bis diese eigentlich einleuchtende Idee durchgesetzt wurde. Vor allem vor dem Hintergrund, dass dies keine einmalige Forderung war. Schon im Jahr 1993 betonte der

---

[100] Arbeitskreis Maxvorstadt(2011): Stadtreparatur am Oskar-von-Miller-Ring. S. 5
[101] Arbeitskreise Maxvorstadt und Bauleitplanung (2012): Neubau der Siemens-Konzernzentrale. S. 13
[102] Bäumler, K. (1989): „Der Maxvorstädter“ vom 19.01.1989, S. 5

Bezirksausschuss Maxvorstadt vor dem Hintergrund der Planungen der „Dritten Pinakothek“ (heute „Pinakothek der Moderne“) erneut, von welch zentraler Bedeutung eine Veränderung des Straßenraumes in diesem Bereich sei, um eine Einbindung der Pinakothek in das Stadtgefüge zu ermöglichen.[103]

Von der Seite des Wittelsbacher Platzes aus ist die geplante optische Veränderung nach dem Umbau marginal. Blickt man jedoch in Zukunft vom Oskar-von-Miller-Ring auf die Hauptfassade der Siemens-Konzernzentrale, ergibt sich ein vollkommen anderes Bild (vgl. Abbildung Nr. 21):

Abbildung 21: Computersimulation der zukünftigen Hauptfassade der Siemens-Konzernzentrale[104]
„Wo die Fassade links von der Bildmitte zurückspringt, öffnet sich ein erster Hof; dort wird auch der Haupteingang zur neuen Konzernzentrale liegen.“

[103] Bäumler, K. (1993): „Der Maxvorstädter“ vom 11.05.1993, S. 2
[104] Münchner Forum (Hrsg.) (2011): Standpunkte. Sonderausgabe zur Maxvorstadt. S. 3

Betrachtet man die geplanten Neubauten von oben, zeigt sich das komplette Ausmaß der Veränderungen:

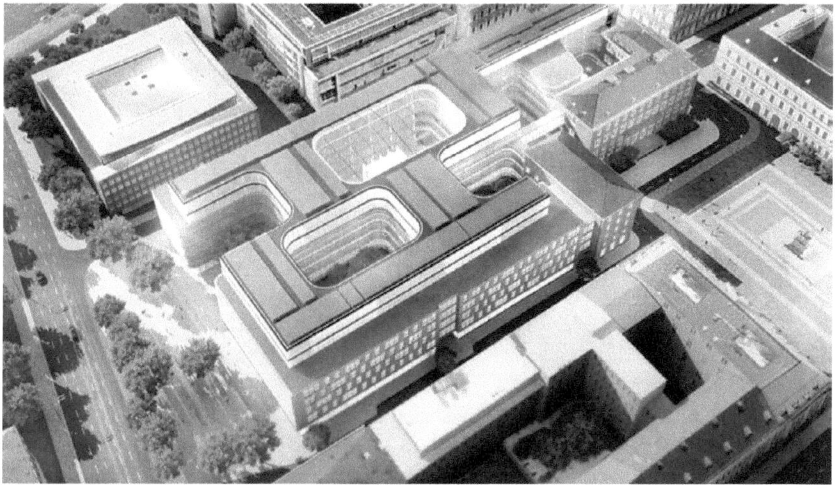

Abbildung 22: Computersimulation der zukünftigen Konzernzentrale als Luftbild[105]

Abbildung Nr. 22 zeigt den Neubau von oben. Das klassizistische Palais am Wittelsbacher Platz ist ganz rechts im Bild, der Oskar-von-Miller-Ring verläuft schräg links. Sehr gut zu erkennen ist hier der in Abbildung 21 beschriebene offene Hof, der den neuen Haupteingang des Gebäudes markiert. „Die Finkenstraße vor diesem Hof und am Neubau entlang wird für den allgemeinen Verkehr gesperrt; hier sollen nur noch Taxis [sic] und Siemens-Fahrzeuge verkehren."[106]

Bis jetzt hat Siemens den oben erwähnten Zeitplan eingehalten: im November 2012 begannen die Abrissarbeiten der alten Gebäudestruktur. Im Juli 2013 sollen die Arbeiten zu den Neubauten beginnen. Ob die Bauarbeiten wie geplant 2015 abgeschlossen werden können, ist zu diesem Zeitpunkt noch nicht absehbar.

Dieses immense Bauprojekt vor Augen, soll abschließend analysiert werden, inwiefern Siemens mit seiner Präsenz in München die Stadt geprägt hat.

[105] B., G. (2012): Baustelle der Siemens-Hauptverwaltung im Zeitplan. S. 10

[106] B., G. (2012): Baustelle der Siemens-Hauptverwaltung im Zeitplan. S. 10

5. Überprüfung der aufgestellten Thesen

Abschließend soll nun zusammenfassend dargestellt werden, zu welchen Resultaten die eingangs behandelten Fragestellungen geführt haben. Die Auswirkungen von Siemens auf die Stadt München lassen sich demnach auf drei Themenkomplexe reduzieren: das Stadtbild, die Wirtschaftskraft allgemein und den Arbeitsmarkt, der natürlich in gewisser Weise an die Wirtschaftskraft gekoppelt ist.

5.1 Stadtbild

Ohne Frage hat Siemens das Stadtbild in München geprägt. Natürlich wurde nicht ganz München nachhaltig verändert, aber allein das aktuelle Neubauprojekt der Konzernzentrale im Herzen Münchens zeigt deutlich, dass Siemens durchaus die Möglichkeit besitzt, gestalterisch ins Stadtbild einzugreifen. Dazu kommen die älteren Standorte in Perlach und Obersendling. Auch wenn in Obersendling inzwischen fast nichts mehr vom alten Siemens-Stammgelände steht und der Investor Haupt momentan eine Mischbebauung aus Wohnen und Büros auf diesem Areal plant, ist es fraglich, ob sich dieses Stadtviertel genauso entwickelt hätte bzw. entwickeln würde, wenn nicht durch die durch Siemens ermöglichte S- und U-Bahnstation bereits eine attraktive Infrastruktur bestanden hätte.

> „In München bestimmte Siemens nicht die Größe oder das kulturelle Leben der Stadt, aber immerhin ein ganzer Stadtteil wurde durch das Unternehmen geformt. Das Siemens-Gelände in Obersendling ist bis heute in einem kontinuierlichen Wachstum begriffen [Fußnote: Derzeit wird das gesamte Siemens-Gelände in Obersendling von ‚Isar-Süd' neu geplant als eine Mischbebauung aus Wohnen und Büros. In diesem Zuge werden aber auch Bauten Hans Maurers abgerissen. ...] und sein Ausmaß wird schon dadurch vor Augen geführt, dass es seit 1966 über die eigene S-Bahn-Station 'Siemenswerke' und seit 1989 zusätzlich über die U-Bahn erreicht wird."[107]

Des Weiteren ist davon auszugehen, dass sich die Architektur neuer Standorte auch durch den immer ausgeprägteren Nutzungswandel verändern wird bzw. zum Teil schon verändert hat (vgl. den Standort in Giesing, Punkt 4.2). Die zunehmende Tertiärisierung im Großraum München führt zu veränderten Arbeitsanforderungen[108], die sich auch im Aussehen der Standorte niederschlagen. Große Teile der Produktion werden ins Ausland verlagert und die verbleibenden Jobs sind hauptsächlich verwaltungs- oder innovationstechnischer Art. Der erforderliche Umbau der Siemens-Konzernzentrale am Wittelsbacher Platz ist sicherlich auch diesem Umstand geschuldet.

---

[107] Dellinger, B. (2004): Der Architekt und das Unternehmen. S. 13

[108] Stenke, G. (2002). Großunternehmen in innovativen Milieus. S. 86

Auffallend ist noch eine weitere Veränderung in der Standortakquise: Die neuen, sich schnell wandelnden Nutzungsanforderungen, die keine hochspezialisierten Fertigungshallen und Fabrikgebäude mehr erfordern, führen dazu, dass nur noch sehr selten ganze Areale als Standorte gekauft werden; vielmehr erfolgt eine Anmietung von Büroräumen nach Bedarf. Dieses Vorgehen trägt den „schnellen Veränderungen des heutigen Unternehmens [Rechnung], für die ein fester Bau einem Wachstums-Stillstand gleicht."[109] Gleichzeitig bedeutet es aber auch, dass die Architektur heutiger Standorte vielfach beliebig ist und nicht mehr zur Unternehmensrepräsentation dient.
Die rein optische Auswirkung auf die Stadt München ist die – im wahrsten Sinne des Wortes – augenfälligste; der Einfluss auf Wirtschaftskraft und Arbeitsmarkt lässt sich auf den ersten Blick nicht so klar erkennen, sollte aber nicht deswegen vernachlässigt werden.

5.2 Wirtschaftskraft

Auch wenn der Einfluss Siemens' auf den Finanzplatz Münchens über die Jahrzehnte hinweg eher indirekt war[110], darf er auf keinen Fall unterschätzt werden; vor allem angesichts der Tatsache, dass Siemens nach wie vor eine nicht geringe Summe an Gewerbesteuern an die Stadt München zahlt. Stenke betont außerdem die Relevanz Münchens als Forschungs- und Entwicklungs- (FuE-) Standort:

> „Der zentrale Standort für Forschung und Entwicklung ist nach wie vor Bayern mit 23.000 FuE-Beschäftigten und innerhalb Bayerns wiederum München mit der Zentralabteilung Technik, in der 1997 allein 15.000 Personen im Bereich FuE beschäftigt waren, sowie dem Sitz der wesentlichen Geschäftsbereiche, jeweils mit eigenen FuE-Kapazitäten. [...] Deutschland und speziell Bayern ist somit auch heute noch der globale Innovator und Informationsknotenpunkt im 'System Siemens', den den Großteil der Innovationen hervorbringt, die über die Anpassungsentwicklung hinausgehen. München wird jedoch sukzessive durch weitere, regionale und lokale Innovationspole außerhalb Deutschlands ergänzt. [...] Die Bedeutung der USA wird auch künftig steigen, so dass mittelfristig mit einem Bedeutungsverlust Deutschlands und eingeschränkt auch Münchens innerhalb des Innovationsnetzes zu rechnen ist.
> [...] Experten innerhalb des Siemens-Konzerns gehen davon aus, dass München weiterhin als Standort für FuE nicht wesentlich an Bedeutung verlieren wird. Neben der weiterhin hier betriebenen, eigenen Entwicklungstätigkeit gewinnt das Hervorbringen von organisatorischen und sozialen Innovationen zunehmend an Relevanz. Diese werden zum größten Teil am Stammsitz des Unternehmens entwickelt. Darüber hinaus kommt München mehr denn je die Funktion der übergeordneten Steuerungseinheit des weltweiten Netzes zu."[111]

[109] Dellinger, B. (2004): Der Architekt und das Unternehmen. S. 17
[110] Denzel, M. (2007): Geschichte des Finanzplatzes München. S. 199
[111] Stenke, G. (2002). Großunternehmen in innovativen Milieus. S. 78-79

Stenke zufolge hat München den anderen Standorten gegenüber den Vorteil, dass hier die Konzernzentrale ihren Sitz hat. Damit ist ein Bedeutungsverlust nahezu ausgeschlossen und eine vollständige Aufgabe des Standortes München insgesamt unwahrscheinlich.
Das bedeutet gleichzeitig, dass Siemens immer eine gewisse Zahl an Arbeitsplätzen in München zur Verfügung stellen wird.

5.3 Arbeitsmarkt

In der Nachkriegszeit bis weit in die sechziger und siebziger Jahre hinein war Siemens für München ein nicht zu vernachlässigender und beinahe unabdingbarer Arbeitsplatzgarant. Wie bereits weiter oben erwähnt, änderte sich das im Laufe der siebziger und achtziger Jahre. Zum einen aufgrund der Globalisierung, zum anderen bedingt durch die Tatsache, dass viele Arbeitsplätze durch Maschinen ersetzt wurden, stagnierten zunächst die Angestelltenzahlen bei Siemens in München, inzwischen sind sie rückläufig. Siemens selbst betont, dass vom Staat bessere Anreize geliefert werden müssten, um diese Entwicklung aufzuhalten:

> „Während andere Bundesländer ihre finanziellen Mittel für die Unterstützung krisengeschüttelter Industriezweige aufwenden müssen, investiert Bayern gezielt staatliche Fördermittel zur Arbeitsplatzsicherung in die Hochtechnologiebereiche. Zwar wird von unternehmerischer Seite immer betont, dass diese Mittel kaum einen Ansiedlungsanreiz liefern würden, es darf dennoch davon ausgegangen werden, dass staatliche Förderprogramme einen wesentlichen Bestandteil eines günstigen ‚wirtschaftspolitischen Klimas' darstellen. Zu diesem Thema weist Herr Kaske, der Chef der SIEMENS AG, darauf hin, dass Arbeit in der Bundesrepublik Deutschland zu teuer geworden sei. Er meint, wenn die Bundesregierung der Meinung ist, dass sie diese Schlüsseltechnologie als Versorgungsbasis für die gesamte Industrie benötigt, dann muss sie eben die Arbeitskostendifferenz zu Billiglohnländern erstatten, damit die nationalen Produktionsstandorte erhalten werden können. Nicht zuletzt gibt es in Bayern neben direkter staatlicher Hilfe auch eine Reihe flankierender infrastruktureller Maßnahmen zur Förderung des Technologietransfers."[112]

Im weiter oben stehenden Zitat von Stenke wird ein weiterer bedeutender Punkt angesprochen: Waren viele der Angestellten bei Siemens in den fünfziger und sechziger Jahren ungelernte oder gering qualifizierte Arbeiter in den Fabriken zur Fertigung bestimmter elektronischer Geräte oder Bestandteile, wandelt sich dieses Bild im Laufe der Jahrzehnte. Ebendiese Arbeitsplätze, für die gering qualifizierte Arbeiter ausreichen, werden aus Kosteneinsparungsgründen ins Ausland verlagert, wo neben geringeren Mieten und Steuern noch geringe Lohnkosten locken. Für die in München verbleibenden Arbeitsplätze sind hoch qualifizierte Mitarbeiter erforderlich; Ingenieure und andere Wissenschaftler für den FuE-Bereich, Wirtschaftswissenschaftler und Verwaltungsangestellte für die Organisation und Steuerung des weltweiten Netzes. Dieser Prozess wird auch als „Übergang von der Produktions- zur Wis-

---

[112] Popp, K. (1988): Räumliche Ebenen der Standortwahl mikroelektronischer Betriebe und deren Standortkriterien. S. 90

sensgesellschaft“[113] bezeichnet und steht in engem Zusammenhang mit dem veränderten Aussehen der Standorte, auf das unter Punkt 5.1 bereits näher eingegangen wurde.
Desweiteren wurde der Stellenabbau in München in weiten Bereichen auch durch die durch Synergieeffekte mit Siemens entstandenen IT-Unternehmen abgefedert, in denen viele ehemalige Siemens-Mitarbeiter einen neuen Arbeitsplatz fanden.[114] Zunächst standen diese kleinen und mittleren Unternehmen der Mikroelektronik und IT geschäftlich in direkter Verbindung zu Siemens und siedelten sich deshalb auch in direkter räumlicher Nähe zum Konzern an. Im Laufe der Zeit emanzipierten sie sich jedoch deutlich und verblieben schlussendlich auch an den Standorten, wenn Siemens aus der näheren Umgebung abzog.[115]

[113] Schuhler, C. (2005): Der Wandel der Unternehmenskultur durch Wissensproduktion und Globalisierung… S.3

[114] Vgl. Anhang, Interview B., S. 48

[115] Popp, K. (1988): Räumliche Ebenen der Standortwahl mikroelektronischer Betriebe und deren Standortkriterien. S. 105

6. Anhang

Abschrift des offenen Leitfadeninterviews mit Herrn B. am 19.10.2012, 12:00-13:00

Durchgeführt von Mirjam Kauderer (MK)

Wurde aus urheberrechtlichen Gründen für die Publikation entfernt

Abschrift des offenen Leitfadeninterviews mit Herrn K. vom 29.10.2012, 12:00-13:00

Durchgeführt von Mirjam Kauderer (MK)

Wurde aus urheberrechtlichen Gründen für die Publikation entfernt

7. Literaturverzeichnis

Ammermann, U. (2010): Siemens will am Wittelsbacherplatz Teile seiner Konzernzentrale erneuern: Chance für Wiedervereinigung von Altstadt und Museumsquartier. In: *Standpunkte* (7), S. 2–3.

Arbeitskreis Maxvorstadt (2011): Stadtreparatur am Oskar-von-Miller-Ring: Eine singuläre Chance zur Stadtentwicklung nutzen. Unter Mitarbeit von K. und Gernot B.. Hg. v. Münchner Forum. München.

Arbeitskreis Maxvorstadt und Bauleitplanung (2012): Neubau der Siemens Konzernzentrale - Wie öffentlich sollen die „öffentlichen Durchgänge" werden? In: *Standpunkte* (3), S. 13–14, zuletzt geprüft am 24.09.12.

Bäumler, K. (1989): „Der Maxvorstädter" vom 19.01.1989

Bäumler, K. (1991): „Der Maxvorstädter" vom 06.05.1991

Bäumler, K. (1993): „Der Maxvorstädter" vom 11.05.1993

Bäumler, K. (1993): „Der Maxvorstädter" vom 01.07.1993

B., G. (2008): Nach dem Verkauf des Hochhauses Hofmannstr. nun weitere Grundstücksverkäufe: Die Siemens AG zieht sich aus München immer weiter zurück. In: *Standpunkte* (5), S. 14–16.

B., G. (2010): In Obersendling kommen auf früheres Siemens-Gelände rund tausend Wohnungen. Trotz Wettbewerb: Vernünftige Stadtplanung sieht anders aus. In: *Standpunkte* (3), S. 3–5.

B., G. (2011): Grünes Licht für Ex-Funkkaserne und ehemalige Siemens-Flächen in Sendling: Stadt beschließt B-Pläne – Kritik wurde nicht berücksichtigt. In: *Standpunkte* (1), S. 16.

B., G. (2011): Siemens bestimmt München zum Sitz seines neuen Sektors Infrastructure & Cities. In: *Standpunkte* (6), S. 6.

B., G. (2011): Siemens errichtet eine neue Konzernzentrale und bietet frühzeitige Erörterung an. Hg. v. Münchner Forum. München. Online verfügbar unter http://muenchner-forum.squarespace.com/startseite/2011/1/12/siemens-errichtet-eine-neue-konzernzentrale-und-bietet-fruhz.html, zuletzt geprüft am 24.09.12.

B., G. (2011): Stadtreparatur am Oskar-von-Miller-Ring darf keine bloße Verkehrslösung werden: In: *Standpunkte* (5), S. 2–8, 25.

B., G. (2011): Was kann der Neubau der Siemens-Konzernzentrale für Münchens Stadtbild leisten? Am Wittelsbacherplatz kommt mehr als nur eine Stadtreparatur. In: *Standpunkte* (4), S. 2–3.

B., G. (2012): Alte Akademie, Amerikahaus, acatech und eine Mauer des Schweigens. Staatsregierung in Erklärungsnot. In: *Standpunkte* (10), S. 4–5.

B., G. (2012): Baustelle der Siemens-Hauptverwaltung im Zeitplan. Der Abbruch der Bestandsbauten hat pünktlich begonnen. In: *Standpunkte* (11), S. 10–12.

Busse, K. (1960): Das Siemens-Museum in München.

Decurtins, D. (2002): Siemens. Anatomie eines Unternehmens. Frankfurt am Main: Redline Wirtschaft bei Ueberreuter.

Dellinger, (2004): Der Architekt und das Unternehmen - Hans Maurers Bauten für die Siemens AG 1955 - 1983. und deren Bedeutung für die Corporate Identity des Großkonzerns. Magisterarbeit. München.

Denzel, M.. (2007): Geschichte des Finanzplatzes München: Oldenbourg-Verlag.

Dobler, R.; Fürstenberg, M. (1989): Standortentwicklung und aktuelle Standorttendenzen bei Siemens. In: *Geographische Rundschau* 41 (5), S. 274–282.

Dürr, A.; Fromm, T. (2011): Siemens plant neue Konzernzentrale. In: *Süddeutsche Zeitung*, 14.03.2011. Online verfügbar unter http://www.sueddeutsche.de/muenchen/muenchen/mammutprojekt-in-muenchen-siemens-plant-neue-konzernzentrale-1.958492, zuletzt geprüft am 08.11.2012.

Feldenkirchen, W. (1997): 150 Jahre Siemens : das Unternehmen von 1847 bis 1997. Festschrift im Auftr. der Siemens AG hrsg. von Wilfried Feldenkirchen. München.

Feldenkirchen, W. (2003): Siemens : von der Werkstatt zum Weltunternehmen. München; Zürich: Piper.

Herbart, G. (1984): Die Beschäftigten-Einzugsbereiche der Münchner Siemens-Werke. Wohnpräferenzen und Einschätzung der Pendlersituation von Arbeitnehmern mit langen täglichen Pendlerwegen. München.

Heßler, M. (2007): Die kreative Stadt: Zur Neuerfindung eines Topos. Transcript-Verlag.

Hrsg. Unbek.: Das ist Siemens (1984).

Hrsg. Unbek.: München 1925. Sonderheft Siemens-Zeitschrift (1925). Berlin.

Knust, C: Die fünf Höfe der Nachhaltigkeit. In: *Manager Magazin* (28.07.2011), zuletzt geprüft am 08.11.2012.

Krumme, G. (1970): The interregional corporation and the region. A case study of Siemens' growth characteristics and response patterns in Munich, West-Germany. In: *Tijdschrift voor Economische en Sociale Geografie* 61, S. 318–333.

Maurer, H. (1989): Bauten + Projekte,. 1947 bis heute. Stuttgart; Zürich: Krämer.

Meermann, L.(2002): Siemens im Globalisierungsprozess der Nachkriegszeit. Magisterarbeit. München.

Münchner Forum (Hg.) (2011): Standpunkte. Sonderausgabe zur Maxvorstadt. *Standpunkte* (7.1). München.

Popp, K. (1988): Räumliche Ebenen der Standortwahl mikroelektronischer Betriebe und deren Standortkriterien. Aufgezeigt am Beispiel der Region München. In: *Berichte zur deutschen Landeskunde* 62, S. 83–108.

Schäche, W. (1997): 150 Jahre Architektur für Siemens. Berlin: Gebr. Mann.

Schuhler, C. (2003): Schöne Neue Siemens Welt. München.

Schuhler, C. (2005): Der Wandel der Unternehmenskultur durch Wissensproduktion und Globalisierung am Beispiel des Siemens-Konzerns und seines IT-Standorts München Hofmannstraße. München: ISW.

Siemens (1956): Das Haus Siemens. München.

Siemens, G. (1961): Der Weg der Elektrotechnik: Geschichte des Hauses Siemens. 1847-1903. 2. Aufl. 3 Bände. Freiburg im Breisgau: Alber (1).

Siemens, G. (1961): Der Weg der Elektrotechnik: Geschichte des Hauses Siemens. Das Zeitalter der Weltkriege. 2. Aufl. 3 Bände. München: Alber (2).

Siemens (1966): Werner-von-Siemens-Institut für Geschichte des Hauses Siemens. München.

SPD-Stadtratsfraktion (31.05.): Antrag zur Weiterführung des Hermann-von-Siemens-Sportparks, 31.05.

Stenke, G. (2002): Großunternehmen in innovativen Milieus. Das Beispiel Siemens, München. Köln.

Verf. Unbek.: Wohnanlage für Angestellte der Siemens & Halske AG in München-Obersendling (1955). In: *Baumeister* (4), S. 205–239.

Verf. Unbek.: Traditionspflege im Hause Siemens im Spiegel der Geschichte seines Archivs. Mitteilung aus dem Siemens-Archiv (1957). In: *Zeitschrift für Firmengeschichte und Unternehmerbiografie* (2), S. 222–228.

Verf. Unbek.: Schlote wachsen der Stadt nicht über den Kopf (1965). In: *Süddeutsche Zeitung*, 15.05.1965.

Yamamoto, K. (1997): Standortgeschichte von Großunternehmen am Beispiel Siemens. In: *Berichte zur deutschen Landeskunde* (73), S. 57–76.